全国种猪遗传评估信息网用户手册

陈伟生　郑友民　主编

中国农业大学出版社
·北京·

图书在版编目(CIP)数据

全国种猪遗传评估信息网用户手册/陈伟生,郑友民主编.—北京:中国农业大学出版社,2010.11

ISBN 978-7-5655-0115-9

Ⅰ.①全… Ⅱ.①陈… ②郑… Ⅲ.①种猪-遗传育种-中国-指南
Ⅳ.①S828.02－62

中国版本图书馆 CIP 数据核字(2010)第 193250 号

书　　名	全国种猪遗传评估信息网用户手册		
作　　者	陈伟生　郑友民　主编		
策划编辑	董夫才　李卫峰	**责任编辑**	田树君
封面设计	郑　川	**责任校对**	王晓凤　陈　莹
出版发行	中国农业大学出版社		
社　　址	北京市海淀区圆明园西路 2 号	**邮政编码**	100193
电　　话	发行部 010-62731190,2620	读者服务部	010-62732336
	编辑部 010-62732617,2618	出　版　部	010-62733440
网　　址	http://www.cau.edu.cn/caup	**e-mail**:	cbsszs @ cau.edu.cn
经　　销	新华书店		
印　　刷	涿州市星河印刷有限公司		
版　　次	2010 年 11 月第 1 版　　2010 年 11 月第 1 次印刷		
规　　格	787×1092　　16 开本　　5 印张　　120 千字		
印　　数	1～4 500		
定　　价	27.00 元		

图书如有质量问题本社发行部负责调换

主　　编　陈伟生　郑友民
副主编　张　勤　谢双红　王志刚
编写人员　丁向东　王　健　张金松　邓兴照
王长存　时晓明　邱小田　关　龙
冯海永　张　哲　周　彬

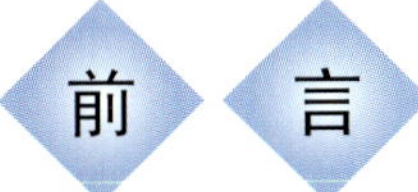

前言

2004年以来，在全国畜牧总站的指导下，在全国猪联合育种协作组和农业部“948”项目的支持下，开始建立全国种猪遗传评估中心。种猪遗传评估中心目前已基本完成硬件建设和核心软件建设，并开通了全国种猪遗传评估信息网，初步实现了数据的网络传递、联合遗传评估、评估信息查询、种猪选择等功能。

为继续提高我国生猪生产水平，农业部颁布了《全国生猪遗传改良计划(2009—2020)》，并制定了《全国生猪遗传改良计划（2009—2020）实施方案》，提出通过国家100个生猪核心育种场的遴选和建设，使我国纯种基础母猪总存栏达10万头，形成相对稳定的国家生猪核心育种群，从而使我国猪生产水平持续不断地提高。其中，全国种猪遗传评估中心负责全国种猪遗传评估工作，以全国种猪遗传评估信息网为平台，收集全国范围内种猪场的数据，采用多性状动物模型BLUP方法进行种猪遗传评估，并及时在网络平台上公布评估优秀的种猪评估结果，为各育种场种猪选留提供参考。

目前，全国生猪遗传改良计划正在如火如荼地开展着，全国种猪遗传评估信息网已收集到全国范围内种猪场的注册申请和数据提交。为更好地让基层技术人员熟悉全国种猪遗传评估信息网的操作，全国畜牧总站特组织编写《全国种猪遗传评估信息网用户手册》以飨读者。由于网站仍在运行初期，仍有诸多技术细节尚需根据我国猪场实际情况进行完善，同时由于育种数据的限制，网站许多功能还不能加以详细地解释和举例，随着遗传改良计划的进一步实施，网站系统数据库的数据将会更加丰富，用户将可以对这些功能进行深切的体验。用户在操作中常见的问题我们将加以总结并体现在网站的修改中，我们也期待着你的意见和建议，共同努力使全国种猪遗传评估信息网成为专业权威、操作简便、界面友好的网络育种平台，推动我国猪育种事业的发展。

目　录

第1章 简 介

联合育种是加快我国猪群体遗传改良，提高育种效益的根本途径，在我国实施猪联合育种已成为有关领导、专家和广大猪育种工作者的共识，是我国猪育种的必然发展趋势。在联合育种的各个环节中，都需要信息技术的支持，而其中心环节就是基于互联网的网络平台，这个平台既是联系整个联合育种体系中各个环节、各个参与单位的纽带，也是进行数据传递、信息交流、技术服务的窗口，更是进行数据储存、信息处理、遗传分析的中心，因此建设这样的数据中心在我国猪联合育种中十分重要。

在全国畜牧总站的领导和指导下，在全国猪联合育种协作组和“948”项目的支持下，从2004年开始，以中国农业大学为依托，设立了全国种猪遗传评估中心，主要负责我国猪育种的数据收集、整理、遗传评估、结果发布和分析等工作。全国种猪遗传评估中心主要致力于我国猪联合育种平台网络化，开发了全国种猪遗传评估信息网（http://www.cnsge.org.cn）。经过两期的硬件建设和软件系统升级，初步形成了以Internet为媒介，通过服务器、交换机、工作站为硬件载体，利用我国自主开发的种猪遗传评估核心软件GBS，实现全国范围育种组织的数据处理和网络在线遗传评估（图1-1）。

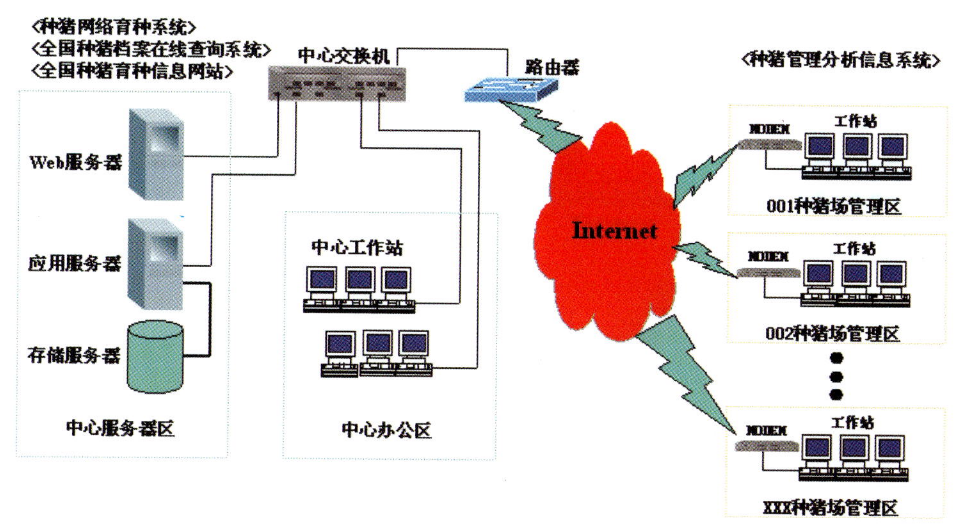

图1-1 全国种猪遗传评估信息网拓扑架构

1.1 系统硬件设置

全国种猪遗传评估信息网硬件部分由数据库服务器一台，Web 服务器一台及 HP Blade System C 刀片服务器高性能计算系统构成。为保障海量数据的存储，全国种猪遗传评估信息网专门配备了10 TB的磁盘阵列保证数据安全备份。同时，光纤交换机、KVM 切换器、UPS 不间断电源及其他网络集成小配件使整个中心管理操作简便，机器间访问快速，能高效地为开展遗传评估服务，尤其是刀片服务器系统，刀片管理和网络连接不是仅局限于一个刀片机箱内，系统可以允许跨刀片机箱的资源整合和共享。仅通过一个控制台就可以完成系统冗余、电源、冷却、存储和网络设备等方面的繁杂管理。

1.2 软件系统配置

在软件方面，全国种猪遗传评估信息网以 Win2003 server 为平台，Oracle 数据库为支撑，育种分析软件 GBS 为核心，构建了稳定强大的遗传评估平台，尤其是 GBS 网络版与跨平台数据库 Oracle 的结合，为满足全国种猪海量的遗传数据分析和评估奠定了基础。

1.3 主要功能板块

根据运行中产生的问题以及实际需要，全国种猪遗传评估信息网经过两次主要功能布局调整和技术升级，目前该平台主要包括以下功能板块：

1. 会员注册／登录　主要以猪场和公司为单位进行用户注册、信息修改和登录。

2. 综合信息查询　该板块主要涵盖猪场信息查询、遗传评估查询、种猪信息查询和公猪站信息查询等。通过该板块，可以了解注册猪场或公司及全国、各地区遗传评估情况，用户也可以查找感兴趣的种猪信息。此模块没有用户限制。

3. 种猪登记　准确详细的猪只登记是猪联合育种的基础，因此种猪登记十分重要，这包括完整的系谱记录和猪只出生时的一些重要数据。全国种猪遗传评估信息网提供了猪只在线登记和离线登记两种方式，猪场用户可以选择适合本场的登记方式，同样，该模块提供了猪只变更登记以对猪只信息进行修改和

变更。同时，种猪登记板块提供了登记猪只查询、猪只信息统计等功能，可以让任何用户直观地对猪只情况进行了解。

4. 性能测定　可靠的性能测定记录是猪遗传评估的基石，性能测定与种猪登记提供了联合育种最核心的数据，以此为基础，才能进行遗传评估等深入分析。目前，信息网主要考虑生长性能和繁殖性能数据，鉴于数据量较大，该模块主要提供离线方式上传数据，包括 GBS 数据上传和 EXCEL 模板数据上传，应用第三方软件的猪场可以将数据按模板要求转化为 EXCEL 文件后上传。通过此模块，用户可以对上传信息、测定信息进行查询、统计和生产性能对比分析以了解本场的详细情况。

5. 遗传评估　根据性能测定数据进行遗传评估进而根据育种值选种是现代科学育种行之有效的策略。遗传评估模块向用户提供了在线遗传评估，可根据本场上传的数据结合育种目标通过信息网进行在线评估，进而分析场内、公司内的遗传进展以及与区域、全国遗传进展联合分析。

6. 育种工具　配种计划、群体近交分析和育种方案制定是猪场经常面对的工作，该模块提供了这三个方面的技术支持，使猪场用户可以更快捷地开展育种工作。

7. 全国生猪遗传改良计划和全国猪联合育种协作组　为推进生猪品种改良进程，提高生猪生产水平，促进生猪产业持续健康发展，我国制定了《全国生猪遗传改良计划（2009—2020）》，并进一步提出了《全国生猪遗传改良计划（2009—2020）实施方案》，明确提出通过全国生猪核心育种场的建设进行联合育种，进而提高我国猪育种水平和生产水平。同时，全国猪联合育种协作组也进行了整合，共同促进全国生猪遗传改良计划的实施。此模块主要介绍全国生猪遗传改良计划及全国猪联合育种协作组的项目动态、公告、培训资料等，同时对全国生猪核心育种场的申请等相关事宜也进行介绍。

8. 公猪站和良种补贴　此模块主要介绍公猪站和猪良种补贴，这部分仍在完善中。

概括而言，以上功能模块组成了全国种猪遗传评估信息网基本信息管理和育种管理两个核心系统，由基本信息系统可实现猪场信息、公司信息、品种品系信息、猪只基本档案信息、猪只生产性能信息、遗传评估模型信息等信息的管理。育种管理系统则可实现会员用户的数据上传、数据的合法性校验、各种育种分析计算（育种值估计、选择指数计算、遗传进展分析、个体和群体近交系数计算、配种计划制定、优化育种方案制定）等功能。

用户注册、综合信息查询、种猪登记、性能测定、遗传评估和育种工具这几个功能模块具有很强的技术操作性，为使更多用户了解和熟悉其操作，其具体功能和内容将在后面章节中加以详细介绍。

第2章　用户注册和登录

作为全国专业的种猪育种网络平台，为保证数据的安全性和合理性，全国种猪遗传评估信息网要求用户首先注册并审核通过后，才能获得本场或公司种猪登记、性能测定、遗传评估等核心模块的操作权限。用户可通过会员注册和登录模块进行猪场用户或公司用户注册、登录和信息维护。

2.1　用户注册

用户访问全国种猪遗传评估信息网（http://www.cnsge.org.cn），在网站首页右侧点击“注册”。如图 2-1 所示。

图 2-1

用户注册说明：点击“注册”后，将显示“用户注册说明”，简要描述了用户注册的主要基本事项，包括：

1. 带有红色 * 部分为必填项目

2. 用户登录信息　用户名不可重复，5 ~ 10 个字符，包括英文字母、数字，不区分大小写；密码由 4 ~ 20 个英文字母或数字及下划线组成，区分大小写。

3. 用户类型为猪场用户或公司用户　猪场用户是具有独立法人资格的猪场，一个猪场只能注册一个用户；公司用户是拥有多个下属猪场的公司，一个公司也只能注册一个用户。猪场用户可享用本信息网的所有模块，公司用户只能查询下属猪场的相关信息。每个用户有唯一的用户名和密码，用户名不能更改。

● 申请公司用户之前，请确认下属猪场已经通过猪场用户注册，注意只有猪场用户才能进行种猪登记、性能测定数据录入和上传等基本操作。

● 为方便信息管理和全国生猪遗传改良计划的开展，系统通过后台管理增加了管理员用户和专家用户，且经过全国畜牧总站、全国生猪遗传改良计划专家组的批准。

4. 用户基本信息

猪场编号：

(1) 用户自行设定，该编号由4位大写字母组成，如TEST，并应尽量与猪场名称的拼音或英文相对应，此编号将作为本猪场的唯一有效标识，注册成功后不允许更改。

(2)猪场用户如果有下属分场或生产线，可用一位数字(1～9)或字母(A～Z)表示，该数字或字母将被自动加在4位猪场编号之后，形成分场或生产线的5位代码。这5位代码将成为猪只个体号的组成部分。

☞ **注意**：分场或生产线不能单独注册作为猪场用户。如果猪场用户没有下属分场或生产线，本系统将在4位猪场编号后自动添加一位数字“1”，形成5位代码，如TEST1。

猪场名称：猪场对外业务往来时常用名称，与营业执照保持一致；

饲养规模：猪场或公司基础母猪数量；

负责人：企业法人代表名称。

5. 通讯信息

联系人：负责猪场育种工作联系人的姓名；

移动电话／固定电话：移动电话与固定电话必须至少填写一项；

通讯地址／邮编：猪场用户或公司用户的通讯地址及邮编；

电子邮件：很重要，登录时如果用户忘了登录名或密码，可使用电子邮件找回，网站与用户的沟通联系也更多以电子邮件方式进行。

6. 主要品种　如果是猪场用户，请填写本场主要生产品种，如杜洛克、大白、长白等。

7. 下属猪场　公司用户注册时，其下属猪场必须先完成猪场用户申请，公

司用户只能从已注册过的猪场中选择其下属猪场，并通过本信息网管理人员的核实。

8. 用户申请信息提交成功后，等待管理员审核　注册信息填写完整后点击确定，所填信息将等待审核。系统管理员将通过电子邮件或电话告知审核结果。请务必认真填写固定电话、移动电话、电子信箱和传真等联系方式，审核结果将以邮件形式发至注册邮箱。

详细阅读完“用户注册说明”以后，点击“确定”，进入“用户注册”界面。如图 2-2 所示。

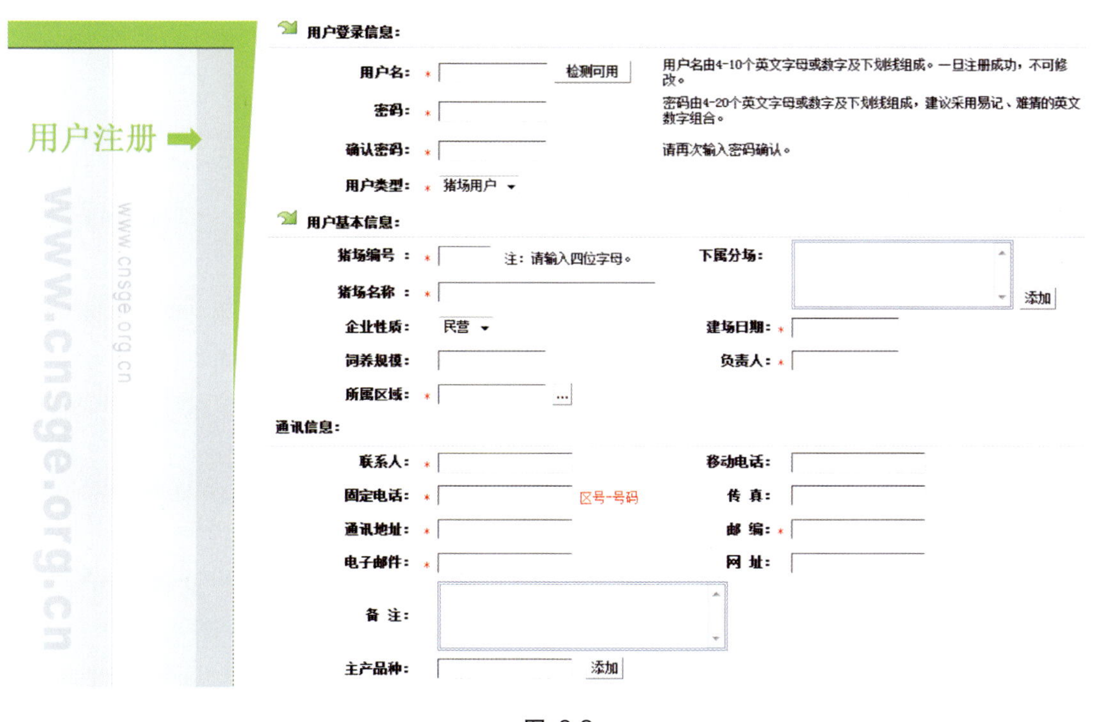

图 2-2

其中，下属分场即为该猪场下属的分场或生产线，如果不进行添加，系统即默认为该猪场没有分场和生产线，本系统将在 4 位猪场编号后自动添加一位数字“1”，形成 5 位代码，如 TEST1，成为猪只个体号的组成部分。

如果在图 2-2 用户类型中选择公司用户，则变为公司用户注册界面，如图 2-3 所示。

其中，下属猪场为该公司下属且已经注册为猪场用户的猪场，点击“添加”，可在已经注册的猪场中选择本公司的下属猪场。网站管理员在审核公司用户注册信息时，会向其下属猪场进行核实。

用户类型：* 公司用户

用户基本信息：

公司编号：* 注：请输入四位字母。

公司名称：*

企业性质：民营

负责人：*

所属区域：* ...

通讯信息：

联系人：*		移动电话：	
固定电话：*	区号-号码	传 真：	
通讯地址：*		邮 编：*	
电子邮件：*		网 址：	

备 注：

下属猪场： 添加

注 册　重 置　打 印

图 2-3

2.2 用户登录

在网站首页的右侧输入相应的用户名和密码，点击“登录”，如图 2-4 所示。成功登录后，才能进行种猪登记和性能测定数据上传等操作。

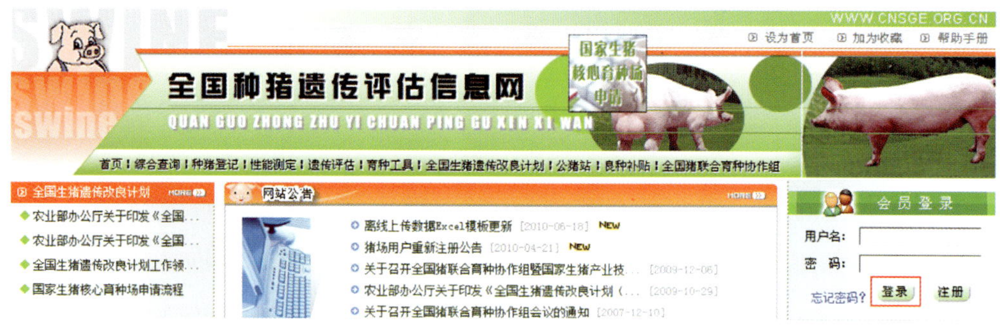

图 2-4

2.3 密码找回

如果用户忘记用户名或密码，点击首页右侧“忘记密码？”进入密码找回界面，如图 2-5 所示。

图 2-5

然后点击“通过注册邮箱找回”，如图 2-6 所示。

如果您无法通过上述方法找回用户名和密码，请您和管理员联系

图 2-6

输入注册时填写的电子邮箱地址，系统将自动把密码发送至该电子邮箱，如图 2-7 所示。

找回密码 -> 注册邮箱找回登录名和密码：

电子邮箱：

提 交　　返 回

图 2-7

2.4 用户信息维护

用户登录成功后，点击“维护”，进入用户信息维护界面，如图 2-8 所示。

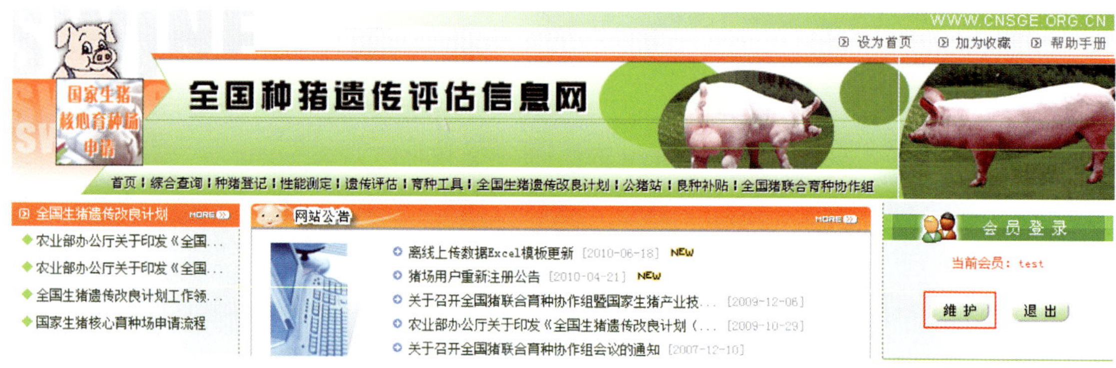

图 2-8

可以修改和更新用户的相关注册信息，如图 2-9 所示。

完成相应信息修改后，点击“确定”，即完成了用户注册信息的维护更新，旧的用户信息将被替换掉。

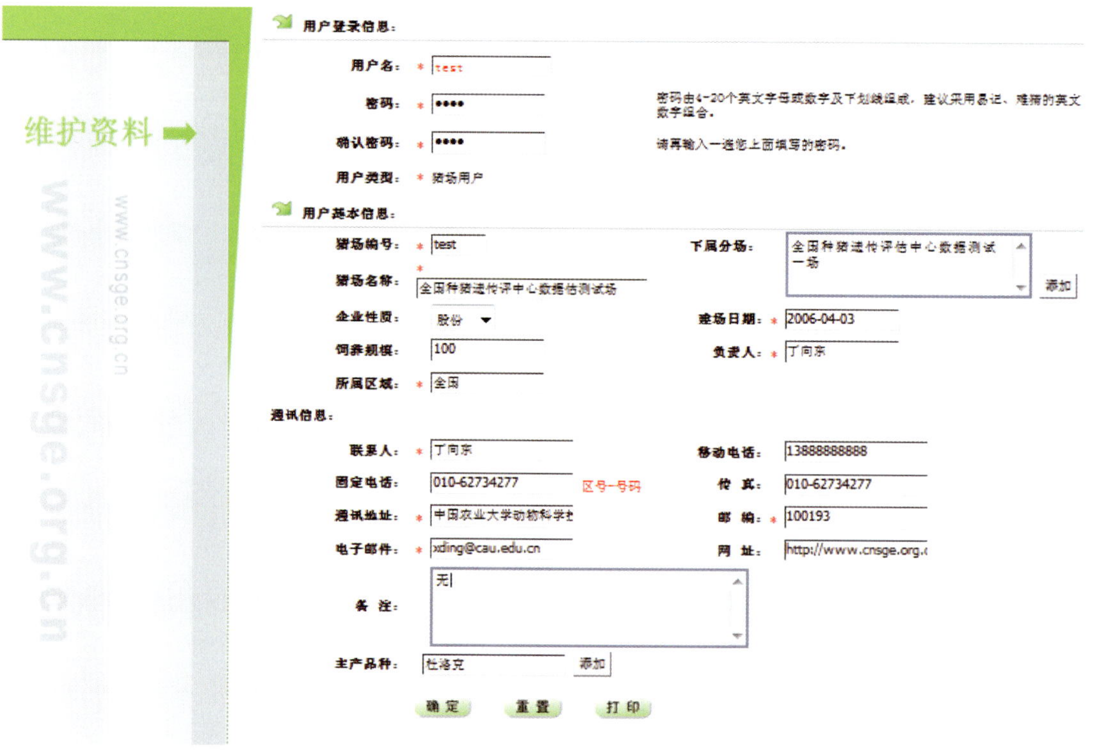

图 2-9

第3章 综合查询

综合查询主要提供猪场信息、公司信息、遗传评估信息、种猪信息和公猪站信息的查询功能（图 3-1），没有用户限制，访问者可通过此模块进行全国、各地区及猪场的相关信息查询。

图 3-1

3.1 猪场信息查询

如图 3-2 所示，依次点击“综合查询”—“猪场信息查询”，进入猪场信息查询界面。

其中：

- 所在地区：选择需要查询猪场所在区域，为必填项。
- 主产品种：选择需要查询猪场的主产品种。
- 猪场名称：输入需要查询的猪场名称，支持模糊查询，如输入猪场名称的关键字进行查询。

● 企业性质：选择需要查询猪场的企业性质。

● 猪场编号：输入需要查询的猪场编号，即猪场注册时的 4 位代码，允许输入少于 4 位字母进行模糊查询。

图 3-2

3.2 公司信息查询

如图 3-3 所示，依次点击“综合查询”—“公司信息查询”，进入公司信息查询界面。

其中：

● 所在地区：选择需要查询公司所在区域，为必填项。

● 公司名称：输入需要查询的公司名称，支持模糊查询，如输入公司名称的关键字进行查询。

● 企业性质：选择需要查询公司的企业性质。

● 公司编号：输入需要查询的公司编号，即公司注册时的 4 位代码，允许输入少于 4 位字母进行模糊查询。

图 3-3

3.3 遗传评估信息查询

3.3.1 遗传评估结果排名

如图 3-4 所示，依次选择“综合信息查询”—“遗传评估结果排名”，进入遗传评估结果排名查询界面。

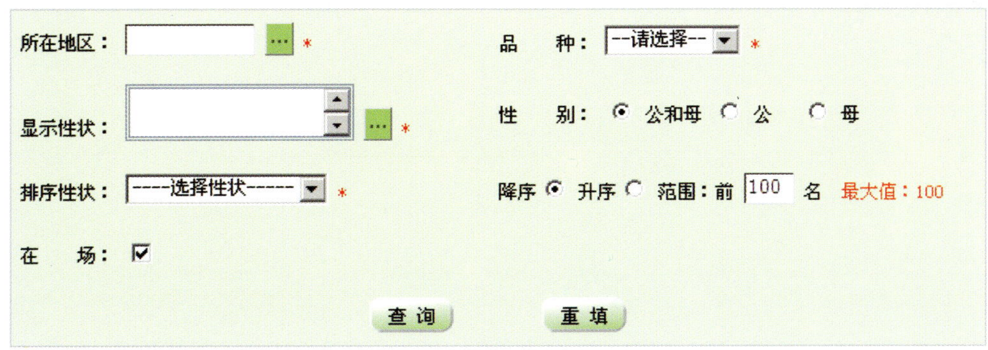

图 3-4

其中：

- 所在地区：需要查询的区域，以省、直辖市和自治区为单位（必填）。

- 品种：选择需要查询的品种（必填）。
- 显示性状：选择需要查询的性状（必填），目前网站主要考虑以下常用的性状育种值和指数（图 3-5）。

☐ 全选

性状名称

☐ 父系指数 ☐ 母系指数
☐ 繁殖指数 ☐ 自定指数
☐ 百公斤体重日龄EBV ☐ 背膘厚EBV
☐ 校正30-100kg日增重EBV ☐ 饲料转化率EBV
☐ 眼肌面积EBV ☐ 产仔数EBV

确定 取消

图 3-5

- 排序性状：在显示性状中选择某一性状作为排序性状，对查询结果进行排序。
- 在场：选择是否在场。
- 排序方式：选择升序或降序。查询前n名（网站目前仅允许查前 100 名遗传评估结果）。

3.3.2 遗传进展趋势查询

如图 3-6 所示，依次选择“综合信息查询”—“遗传进展趋势查询”，进入遗传进展趋势查询界面。

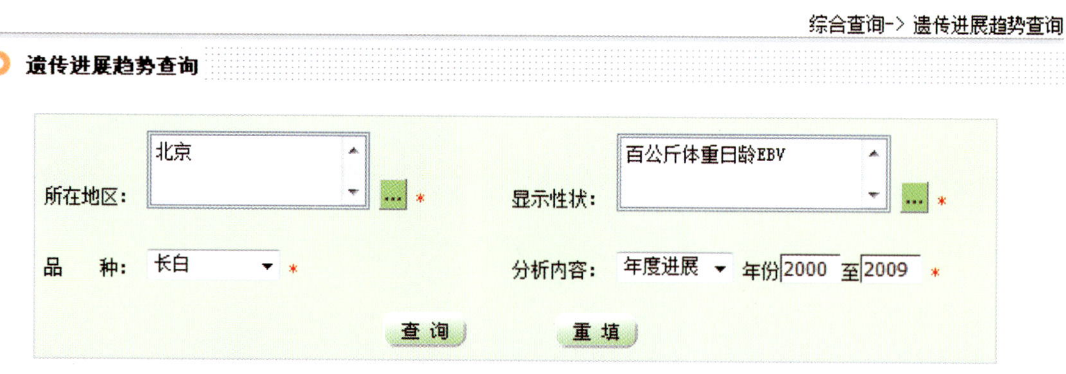

图 3-6

其中所在地区、显示性状、品种同 3.3.1，在分析内容中选择年度进展或月度进展，输入开始和截止年份，可以生成该段时期的遗传进展趋势曲线。

3.4 种猪信息查询

3.4.1 按ID号查询

如图 3-7 所示，依次选择“综合查询”—“按 ID 号查询”，进入按 ID 号查询种猪信息界面。

输入猪只的 ID 号进行查询，支持模糊查询，也可输入猪只耳号信息进行查询。

按ID号查询种猪信息

猪只ID：　查询　重填

图 3-7

3.4.2 指定条件查询

如图 3-8 所示，依次选择“综合查询”—“指定条件查询”，进入指定条件查询种猪信息界面。

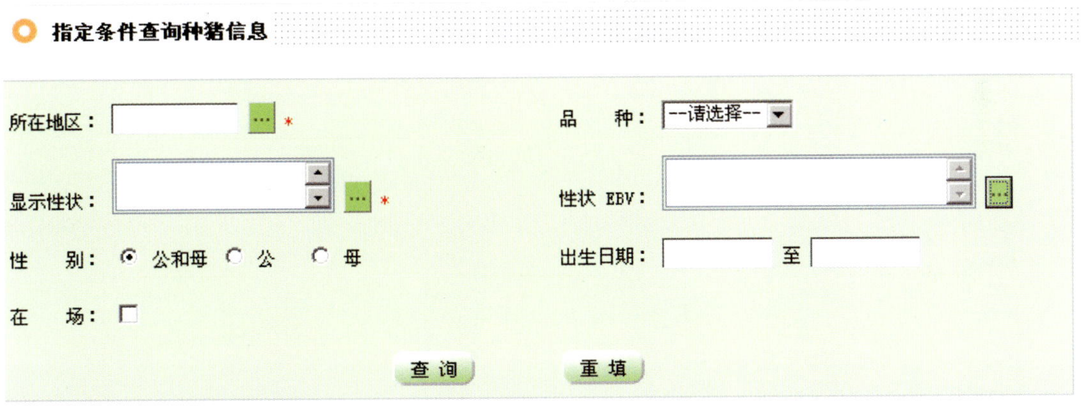

指定条件查询种猪信息

所在地区：… *　品　种：--请选择--
显示性状：… *　性状 EBV：
性　别：公和母　公　母　出生日期：　至
在　场：
查询　重填

图 3-8

其中所在地区、品种、显示性状同 3.3.1，性状 EBV 提供了显示性状的 EBV 范围。

● 所在地区和显示性状为必填项，其余几项可以填一项或多项或不填，支持模糊查询，如图 3-9 所示。

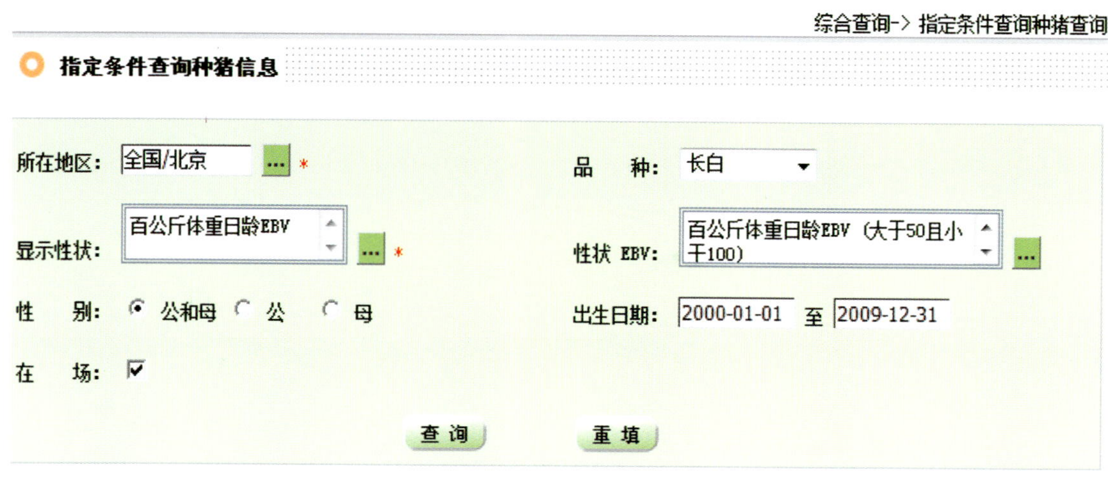

图 3-9

3.5 公猪站信息查询

3.5.1 公猪站查询

如图 3-10 所示，依次选择“综合查询”—“公猪站查询”，进入公猪站查询界面。

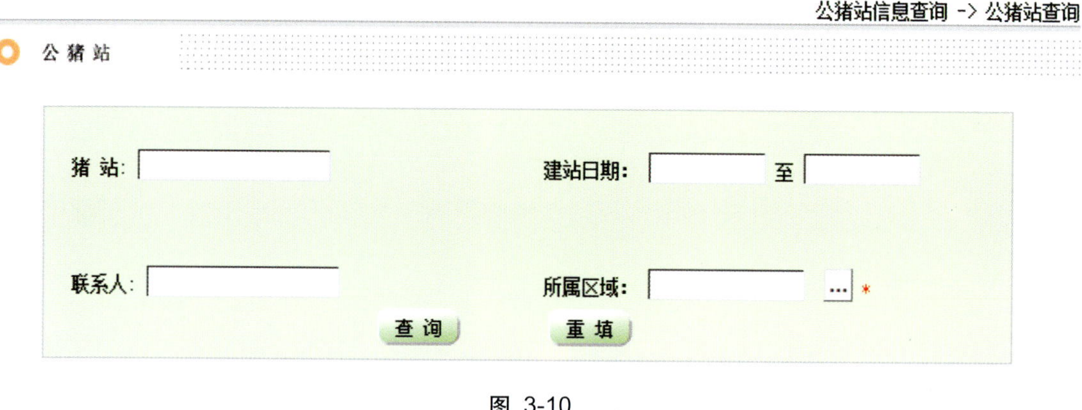

图 3-10

其中：

- 猪站：公猪站名称。
- 建站日期：输入查询的日期范围，也可通过弹出的日历单选择日期，如图 3-11 所示。
- 联系人：联系人姓名。
- 所属区域（必填）：公猪站所在的区域，以省、直辖市、自治区为单位。

图 3-11

3.5.2 公猪站个体猪只查询

如图 3-12 所示，依次选择“综合查询”—“公猪站个体猪只查询”，进入公猪站个体猪只查询界面。

公猪站信息查询->公猪信息查询

公猪基本档案查询

出生日期： 至 品　种：--请选择--

在　场：☑

查询　重填

图 3-12

其中：

- 出生日期：公猪出生日期范围。
- 品种：公猪品种。
- 在场：是否在场。

第4章 种猪登记

种猪登记是育种工作的基础，全国种猪遗传评估信息网通过种猪登记模块使各育种场录入其场内猪只基本信息，凡是可能成为种猪的个体都可以进行登记，无论是否有性能测定成绩。该模块主要包括："猪只在线登记"、"离线登记猪只上传"、"登记猪只查询"、"猪只信息统计"和"猪只变更登记"，可以使用户进行在线或离线猪只登记以及查询和修改等操作。

种猪登记是全国种猪遗传评估信息网的核心模块，只有注册用户才能进入，不同用户的权限设定不同。猪场用户拥有该模块所有功能操作权限，可以上传、查询、统计和修改猪只数据；公司用户只可以查看下属猪场猪只基本信息，但不能修改。

☞ 只有已在全国种猪遗传评估信息网进行了登记的猪只，其性能测定记录才能有效录入到系统数据库，否则即使通过离线方式上传性能测定数据，如果该猪只个体没有进行种猪登记，其性能测定数据也无法读入系统数据库。

4.1 猪只在线登记

通过此功能进行猪只信息的在线录入。如图 4-1 所示，点击左侧"猪只在线登记"，进入"猪只在线登记"界面。

种猪登记主要录入猪只基本信息和谱系信息，基本信息中红色 * 部分为必填项目，主要包括现在场、出生场、耳缺号、品种、出生日期等，根据全国种猪编码规则，猪只编号（15 位）由品种编号（2 位）、出生场编号（5 位）、出生年份（2 位）和耳缺号（6 位）组成且全国唯一（参见附录三），用户在录入完猪只耳缺号、出生日期、品种和出生场后，猪只编号将自动生成显示在谱系信息中。

系谱信息中进一步录入该猪只三代谱系信息，如果其父亲或母亲已在系统中进行了种猪登记，则相应的谱系信息将自动显示，如父亲已经进行了登记，则父亲的父亲编号和母亲编号等自动由系统显示。

点击"确定"完成猪只在线登记。每条在线登记的数据经确认后将进入全国

种猪遗传评估信息网数据库。注意：仅猪场用户能使用“猪只在线登记”功能。

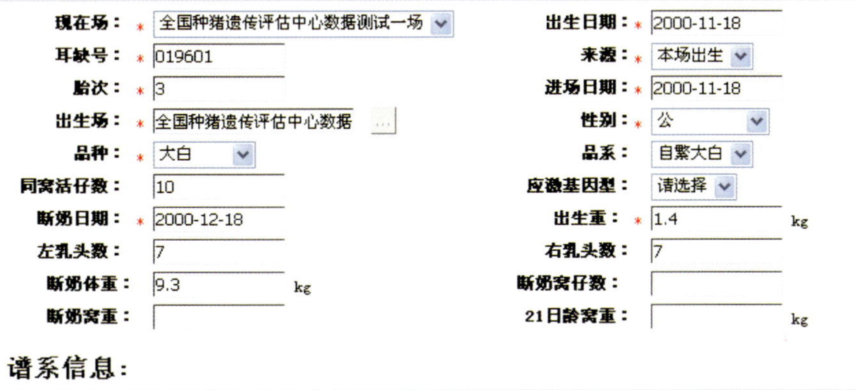

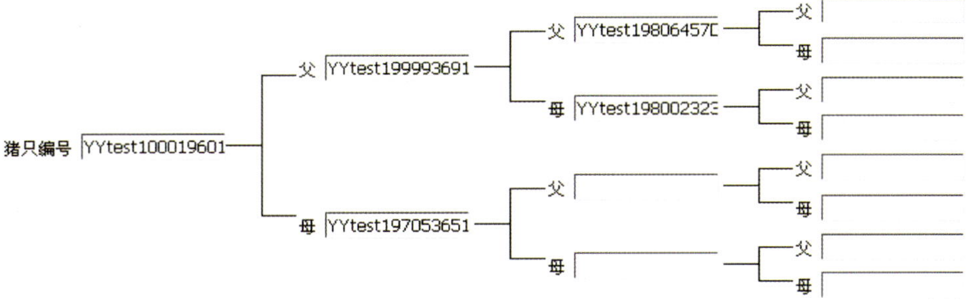

图 4-1

4.2 离线登记猪只上传

由于在线录入速度和数据量的限制，种猪登记模块还提供了离线登记猪只上传功能，点击左侧“离线登记猪只上传”，进入“离线登记猪只上传”界面。本系统为用户提供三种途径进行离线登记猪只上传，分别是 GBS 数据上传，离线登记工具数据上传和模板数据上传。

4.2.1 GBS数据上传

本功能适于 GBS 软件用户。

4.2.1.1 GBS数据导出

如图 4-2 所示，GBS 用户首先将 GBS 数据导出工具下载到本地电脑中，然后进行解压（首次使用需要下载，以后可直接使用导出工具），通过其育种数据导出功能，导出猪只登记基本信息、生长性能测定和繁殖性能测定数据包，GBS 数据导出工具使用说明见附录六。

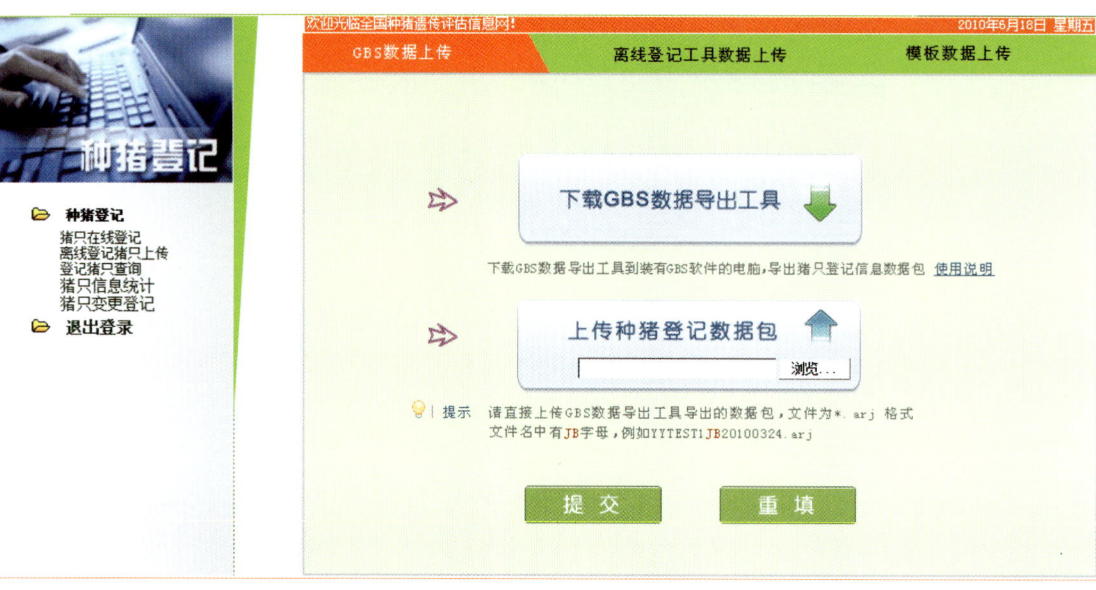

图 4-2

4.2.1.2 GBS数据包上传

依次点击“种猪登记”—“离线登记猪只上传”—“GBS 数据上传”，进入 GBS 数据上传界面，点击“上传种猪登记数据包”下方的“浏览”按钮，选择利用 GBS 数据导出工具导出的基本信息文件(文件名中含字母“JB”),如图 4-3 所示。

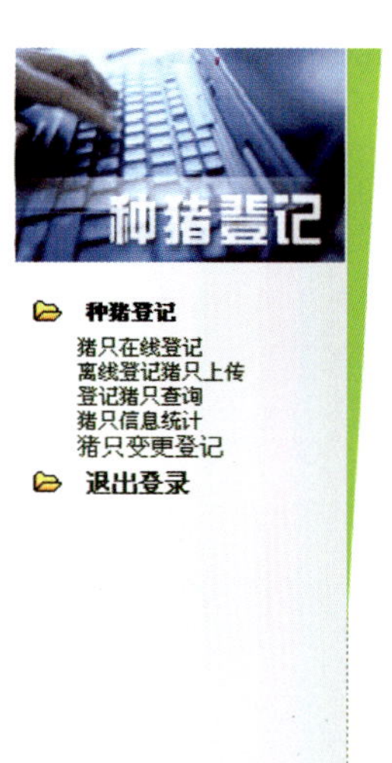

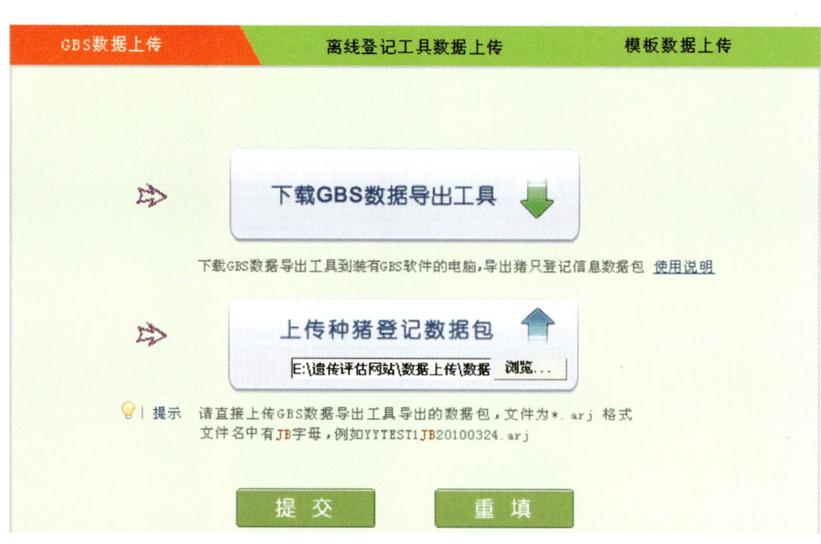

图 4-3

点击“提交”，上传 GBS 数据包至系统临时数据库，系统会弹出“上传成功”窗口表明数据提交成功（图 4-4），系统管理员将进一步审核后导入全国种猪遗传评估信息网数据库。

图 4-4

☞ 为保证数据操作的安全性，“GBS 数据导出工具”中使用的用户名必须与“种猪登记”模块或网站登录用户名一致，如上面例子中，GBS 数据导出工具用户名为“test”，其生成的种猪登记基本文件名包含字母“testJB”，如“testJB20100322182612.arj”，详细信息请参考附录 GBS 导出工具使用说明。种猪登记模块登录用户名也必须是“test”，否则在进行 GBS 数据包上传时，系统将返回错误提示（图 4-5）。

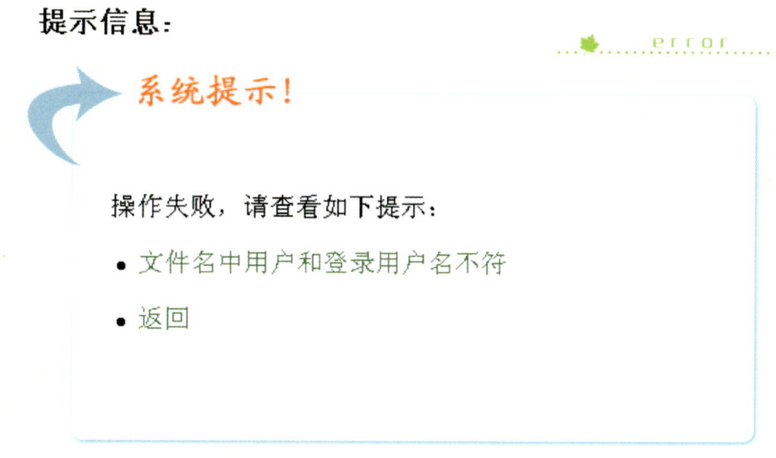

图 4-5

4.2.2 离线登记工具数据上传

全国种猪遗传评估信息网专门提供了离线登记工具进行种猪登记，如图 4-6 所示，依次点击“种猪登记”—“离线登记猪只上传”—“离线登记工具数据上传”，进入离线登记工具数据上传界面，下载猪只离线登记工具并安装到本地电脑，进行猪只信息登记，完成后上传猪只登记信息数据包。离线登记工具使用说明详见附录七。

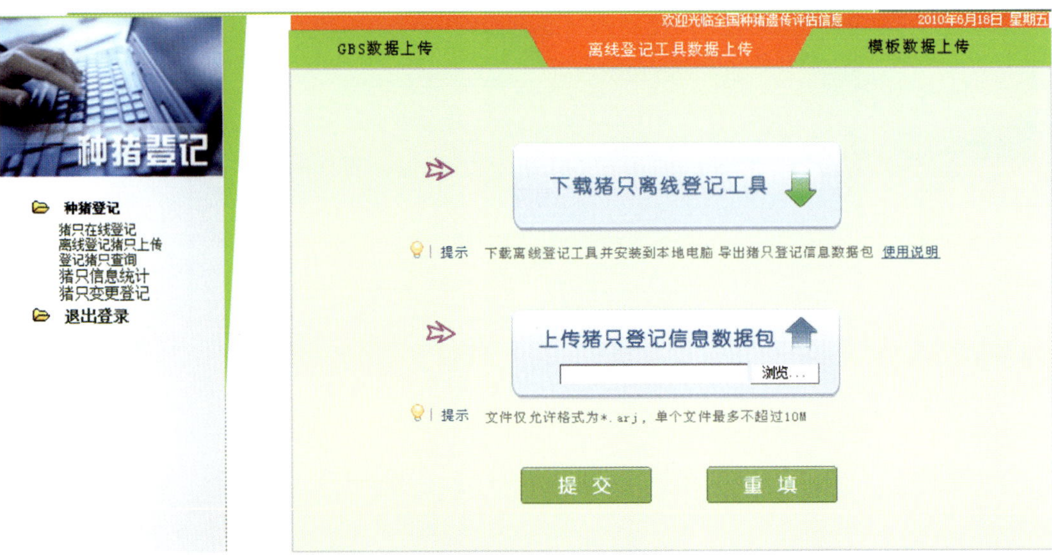

图 4-6

用户利用离线登记工具导出的文件储存在 “离线登记工具 .exe”所在文件夹下的 outdata 文件夹中，用户可以将其复制到自定义的文件夹下以方便数据管理。

依次点击“种猪登记”—“离线登记猪只上传”—“离线登记工具数据上传”，进入离线登记工具数据上传界面，点击“浏览”按钮，选择猪只登记信息数据包文件，点击“提交”，系统将返回“上传成功”提示（图 4-7）。

图 4-7

4.2.3 模板数据上传

全国种猪遗传评估信息网同时提供了 EXCEL 数据模板进行数据离线上传，依次点击“种猪登记”—“离线登记猪只上传”—“模板数据上传”，进入模板数据上传界面，点击下载猪只登记信息模板，下载网站提供的 EXCEL 格式模板文件。按照模板中的格式要求录入相关猪只登记基本信息，然后进入模板数据上传界面，点击“上传猪只登记信息包”右下方的“浏览”按钮，找到储存的 EXCEL 模板文件，上传至网站服务器。模板数据上传界面如图 4-8 所示。

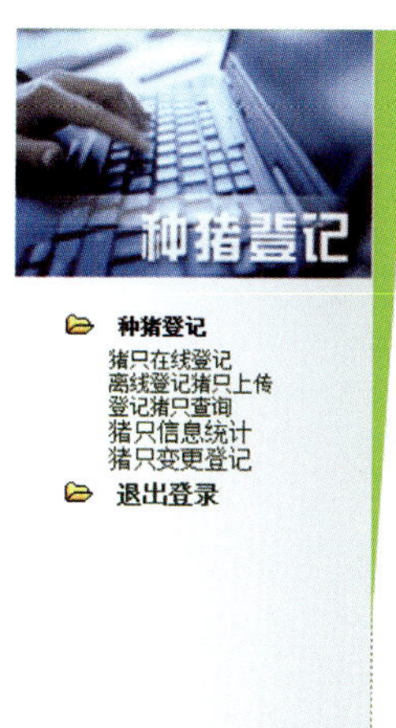

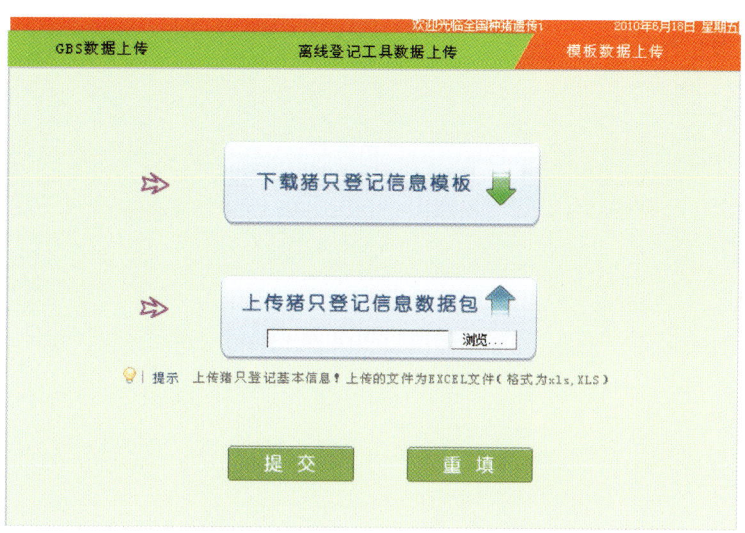

图 4-8

点击“提交”后，系统会弹出如下界面提示数据上传成功（图 4-9）。

图 4-9

☞ 使用其他育种软件的用户，可根据猪只登记基本信息模板数据格式（模板数据格式见附录四），将本场猪只登记基本信息数据转换为 EXCEL 文件格式后，进行数据上传。

4.3 登记猪只查询

主要显示本用户管辖的猪场猪只信息情况，不同用户使用登记猪只查询时权限有所不同（图 4-10），其中：

猪场用户：对猪场用户对应的猪场猪只进行查询、修改和删除。

公司用户：对下属猪场猪只进行查询，但不能进行修改和删除。

其中：

● 猪只 ID：输入登记猪只编号，例如：YYTEST109345621，也可输入部分猪只编号信息，系统支持模糊查询。

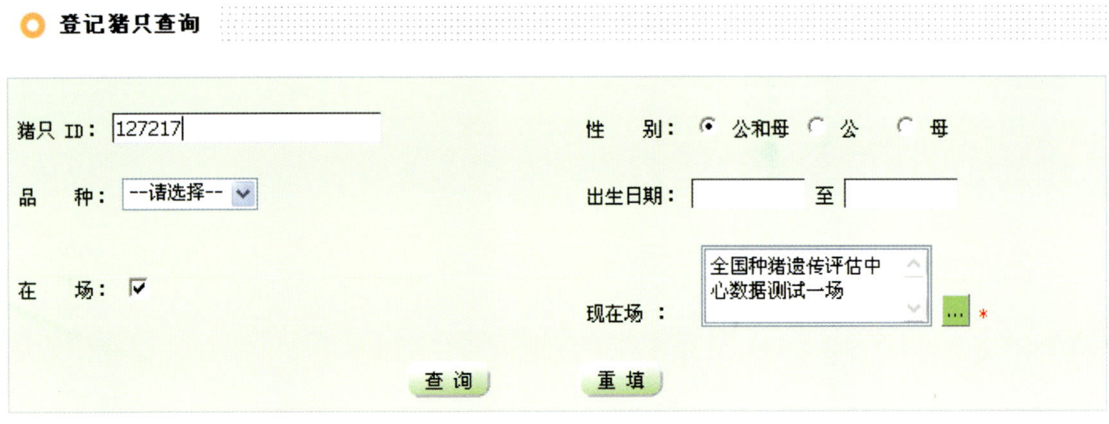

图 4-10

- 性别：选择需要查询的猪只性别。
- 品种：选择需要查询的猪只品种，如长白、大白、杜洛克等。
- 出生日期：填写出生日期范围，例如：2007-03-01 至 2008-04-05。
- 在场：是否在场。
- 现在场：必填项，点击右侧...按钮，进入猪场选择界面，进行查询的猪场选择，此处可以具体到猪场下属的分场或生产线，如图 4-11 所示。

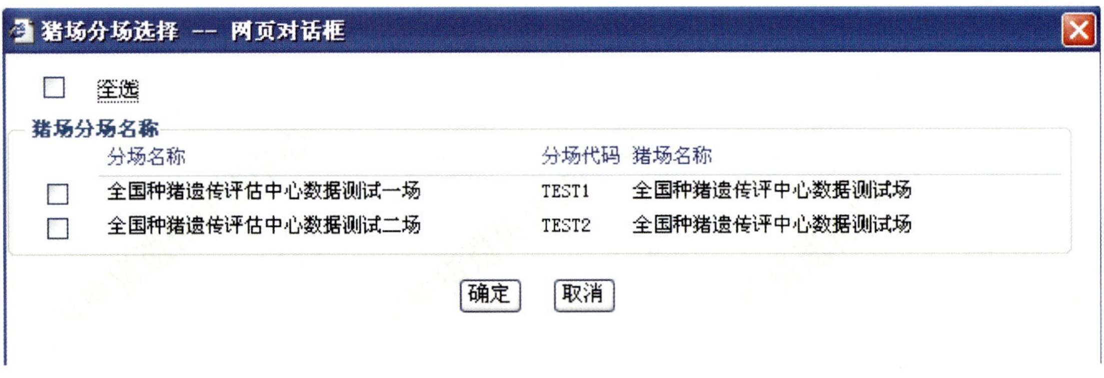

图 4-11

其中，不同用户类型显示的猪场信息不同：

猪场用户：猪场列表显示猪场用户对应的猪场下属分场。

公司用户：猪场列表显示公司下属猪场分场。

填写完查询条件后，点击“查询”按钮后，显示相关查询结果。同时可以如下点击“批量删除”和“点击下载”，如图 4-12 所示。

选择“点击下载”按钮，可以将查询到的个体测定信息以 EXCEL 文件格式下载到本地硬盘。

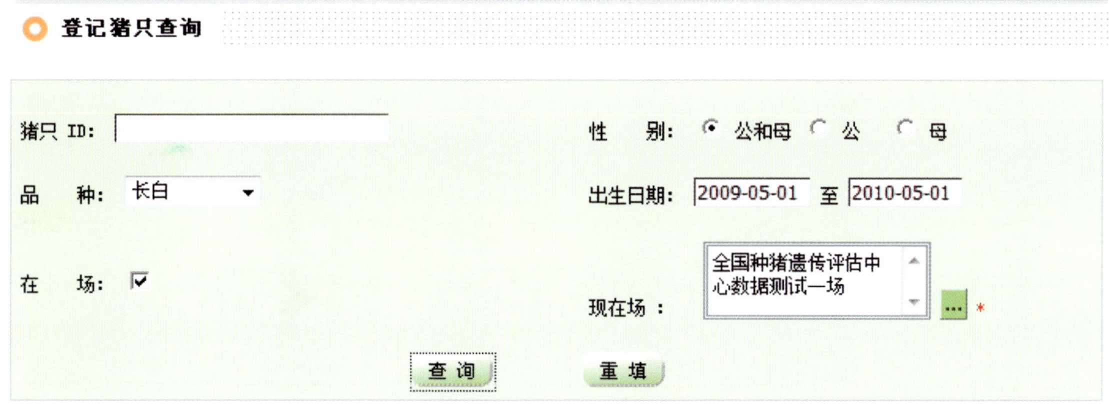

种猪登记-> 登记猪只查询

登记猪只查询

猪只 ID:
性 别: 公和母 公 母
品 种: 长白
出生日期: 2009-05-01 至 2010-05-01
在 场:
现在场: 全国种猪遗传评估中心数据测试一场
查 询 重 填

批量删除 点击下载

全选	猪只ID	品种	性别	出生日期	现在场	在场状态	修改	删除
	LLTEST109065506	长白	母	2009-08-01	全国种猪遗传评估中心数据测试一场	在场	修改	删除
	LLTEST109065508	长白	母	2009-08-01	全国种猪遗传评估中心数据测试一场	在场	修改	删除
	LLTEST109236600	长白	母	2009-05-03	全国种猪遗传评估中心数据测试一场	在场	修改	删除
	LLTEST109236602	长白	母	2009-05-03	全国种猪遗传评估中心数据测试一场	在场	修改	删除
	LLTEST109236604	长白	母	2009-05-03	全国种猪遗传评估中心数据测试一场	在场	修改	删除
	LLTEST109236605	长白	公	2009-05-03	全国种猪遗传评估中心数据测试一场	在场	修改	删除
	LLTEST109236701	长白	公	2009-05-03	全国种猪遗传评估中心数据测试一场	在场	修改	删除
	LLTEST109236702	长白	母	2009-05-03	全国种猪遗传评估中心数据测试一场	在场	修改	删除

图 4-12

选择“批量删除”按钮，可以批量删除所选猪只，系统会弹出窗口要求用户进行确认（图 4-13），以防止误操作。

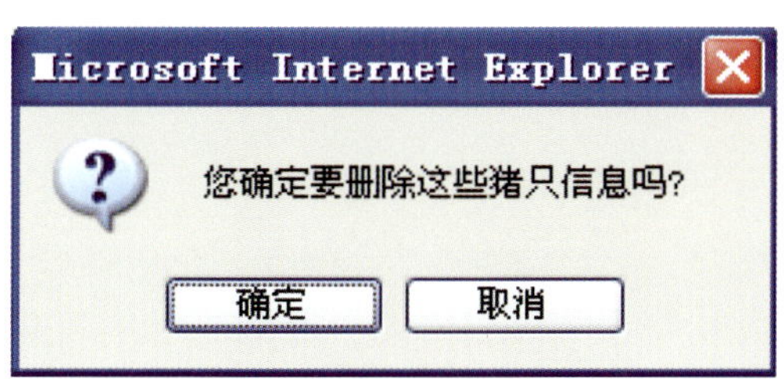

图 4-13

用户可对每条记录进行修改或删除，如对猪只“LLTEST104127309”，点击“删除”，经用户确认操作后，该猪只基本信息将从系统数据库删除。点击“修改”，将弹出基本信息修改页面，如图 4-14 所示，修改完成后点击“修改”按钮，即完成了对该个体的基本信息修改，点击“取消”按钮，则放弃基本信息修改操作。

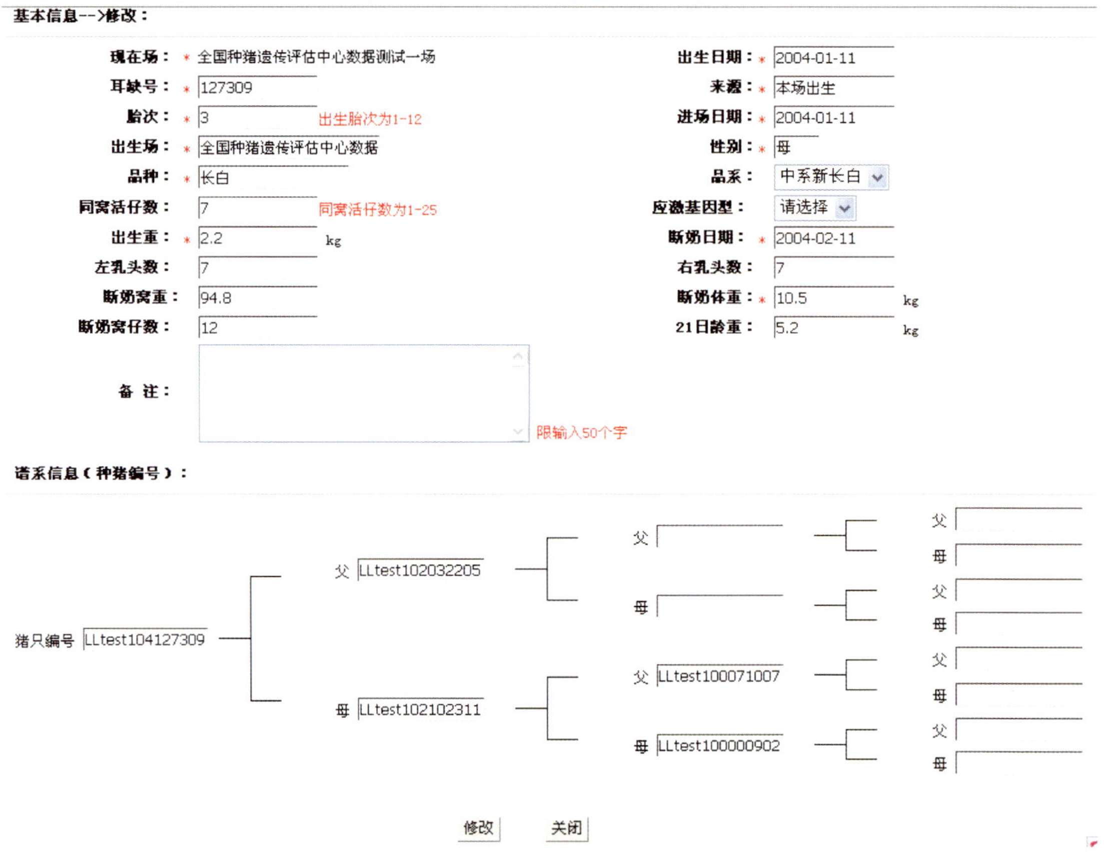

基本信息-->修改：

现在场：	* 全国种猪遗传评估中心数据测试一场	出生日期：	* 2004-01-11
耳缺号：	* 127309	来源：	* 本场出生
胎次：	* 3 出生胎次为1-12	进场日期：	* 2004-01-11
出生场：	* 全国种猪遗传评估中心数据	性别：	* 母
品种：	* 长白	品系：	中系新长白
同窝活仔数：	7 同窝活仔数为1-25	应激基因型：	请选择
出生重：	* 2.2 kg	断奶日期：	* 2004-02-11
左乳头数：	7	右乳头数：	7
断奶窝重：	94.8	断奶体重：	* 10.5 kg
断奶窝仔数：	12	21日龄重：	5.2 kg
备 注：	限输入50个字		

谱系信息（种猪编号）：

猪只编号 LLtest104127309

父 LLtest102032205（父；母）

母 LLtest102102311（父 LLtest100071007；母 LLtest100000902）

父 母 父 母 父 母 父 母

修改 关闭

图 4-14

4.4 猪只信息统计

主要显示本用户管辖的猪场猪只信息统计情况，同登记猪只信息一样，所有用户都可进行猪只信息统计操作。

如图 4-15 所示，猪只信息统计内容主要包括：

- 品种：系统提供品种分类，如长白、大白、杜洛克等。
- 现在场：必填项，猪只目前所在场，不同用户选择的范围不同，其中：

  猪场用户：猪场列表显示猪场用户的下属分场。

  公司用户：猪场列表显示公司下属猪场分场。
- 报表名称：猪只信息登记表。
- 出生年份：必填项。

填写查询条件后，点击“查询”按钮，将显示猪只统计信息结果，如图 4-16 所示。

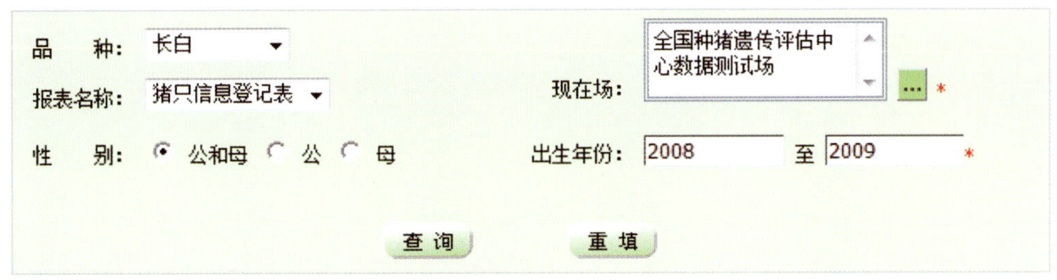

图 4-15

<table>
<tr><th>猪场编号</th><th>猪场名称</th><th>品种</th><th>出生年份</th><th>性别</th><th>登记数</th></tr>
<tr><td rowspan="6">TEST</td><td rowspan="6">全国种猪遗传评估中心数据测试场</td><td rowspan="5">LL</td><td rowspan="2">2008</td><td>公</td><td>1542</td></tr>
<tr><td>母</td><td>3688</td></tr>
<tr><td rowspan="2">2009</td><td>公</td><td>1416</td></tr>
<tr><td>母</td><td>3196</td></tr>
<tr><td colspan="2">合计</td><td>公：2958
母：6884</td></tr>
<tr><td colspan="3">合计</td><td>公：2958
母：6884</td></tr>
</table>

图 4-16

4.5　猪只变更登记

主要进行猪只离群信息的更改，说明猪只离群的时间和原因。界面同登记猪只查询类似，但仅猪场用户有权进行猪只变更操作。

填写完查询条件后，点击“查询”按钮，显示相关查询结果。用户可对显示的猪只进行状态变更，如图 4-17 所示。其中：

变更原因：包括淘汰、死亡和销售三个选择。当选择销售时，图 4-17 将增加去向选择，去向：* ...，表明猪只具体销售到哪个种猪场。点击右侧按钮 ...，进入猪场选择界面，选择猪只销往的猪场。

变更日期：表示猪只发生变更的日期，如死亡日期、淘汰日期或销售日期。

选择“批量变更”按钮，可以批量将一头或多头猪只进行同一种状态的变更，如销售到同一个场。

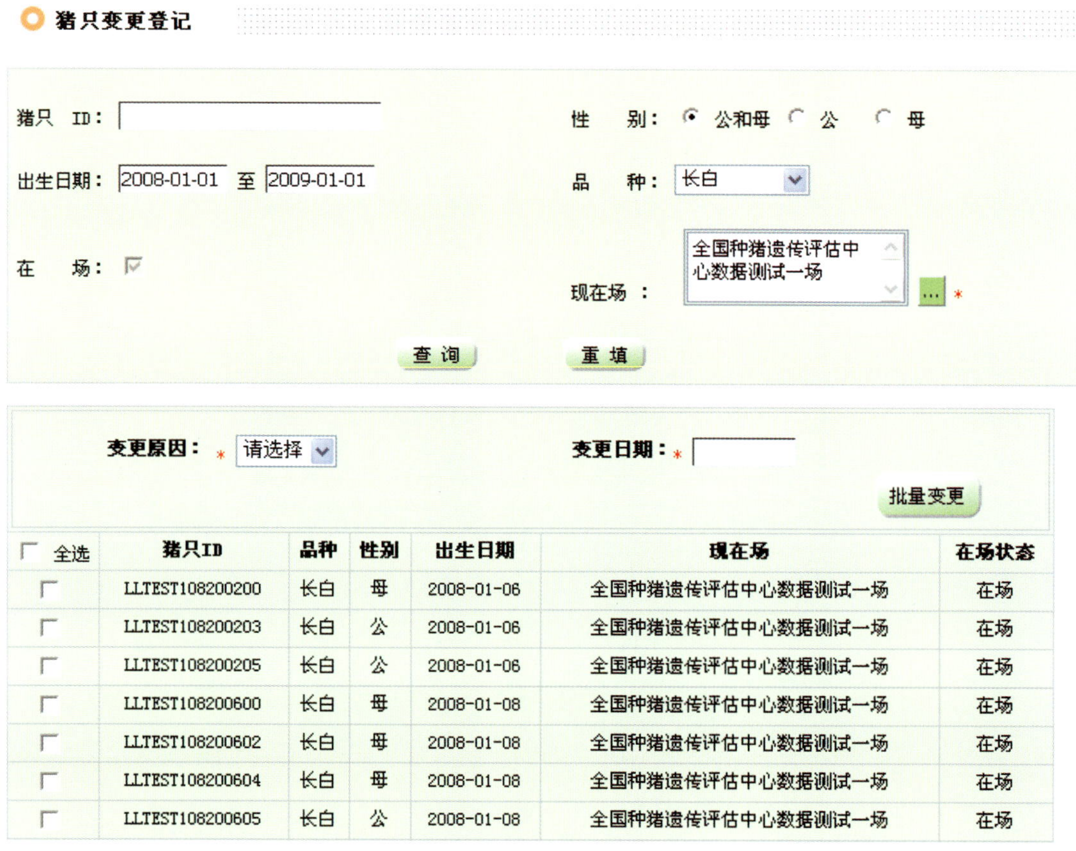

猪只变更登记

猪只 ID：

性　别：公和母　公　母

出生日期：2008-01-01 至 2009-01-01

品　种：长白

在　场：

现在场：全国种猪遗传评估中心数据测试一场 *

查 询　重 填

变更原因：* 请选择

变更日期：*

批量变更

全选	猪只ID	品种	性别	出生日期	现在场	在场状态
	LLTEST108200200	长白	母	2008-01-06	全国种猪遗传评估中心数据测试一场	在场
	LLTEST108200203	长白	公	2008-01-06	全国种猪遗传评估中心数据测试一场	在场
	LLTEST108200205	长白	公	2008-01-06	全国种猪遗传评估中心数据测试一场	在场
	LLTEST108200600	长白	母	2008-01-08	全国种猪遗传评估中心数据测试一场	在场
	LLTEST108200602	长白	母	2008-01-08	全国种猪遗传评估中心数据测试一场	在场
	LLTEST108200604	长白	母	2008-01-08	全国种猪遗传评估中心数据测试一场	在场
	LLTEST108200605	长白	公	2008-01-08	全国种猪遗传评估中心数据测试一场	在场

图 4-17

第5章　性能测定

种猪登记通过详细的系谱记录建立了种猪之间的遗传联系，性能测定则提供翔实的测定数据为遗传评估的准确性奠定基础。因此，在种猪登记的基础上，进行性能测定数据的录入十分重要。性能测定模块包括：测定信息数据上传、上传信息查询、测定信息查询、测定信息修改、测定信息统计和生产性能对比分析，主要提供猪只生长性能测定数据与繁殖性能测定数据的上传、统计、查询和分析功能。

同种猪登记一样，只有注册用户才能进入性能测定模块，不同用户的权限设定不同。猪场用户拥有该模块所有功能操作权限，可以上传、查询、统计和修改猪只数据；公司用户只可以查看下属猪场、联系猪场或所属区域猪场的猪只性能测定信息，不能对其进行修改。

5.1　测定信息数据上传

鉴于性能测定数据量大，全国种猪遗传评估信息网仅提供数据上传服务。目前系统采用“GBS 数据上传”和“模板数据上传”两种数据上传方式，如图 5-1 所示。

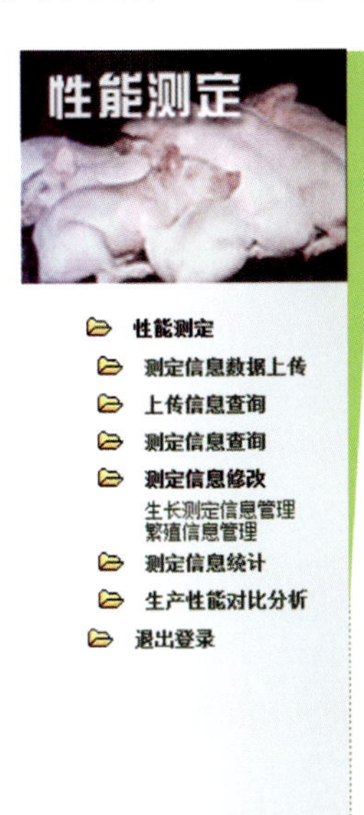

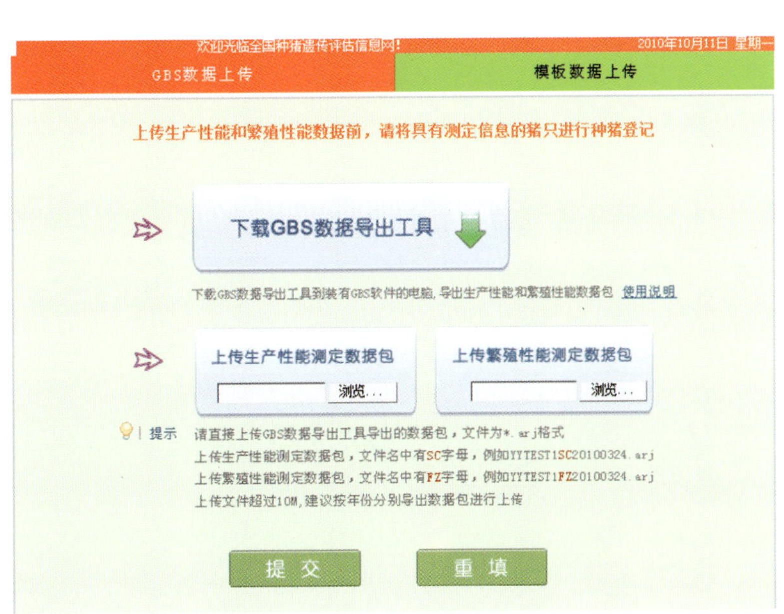

图 5-1

☞ 上传性能测定数据前，必须对具有测定信息的猪只进行种猪登记并上传，否则系统无法读入该猪只性能测定数据。

5.1.1 GBS数据上传

依次点击“性能测定”—“测定信息数据上传”—“GBS 数据上传”，进入 GBS 数据上传界面，如图 5-2 所示。

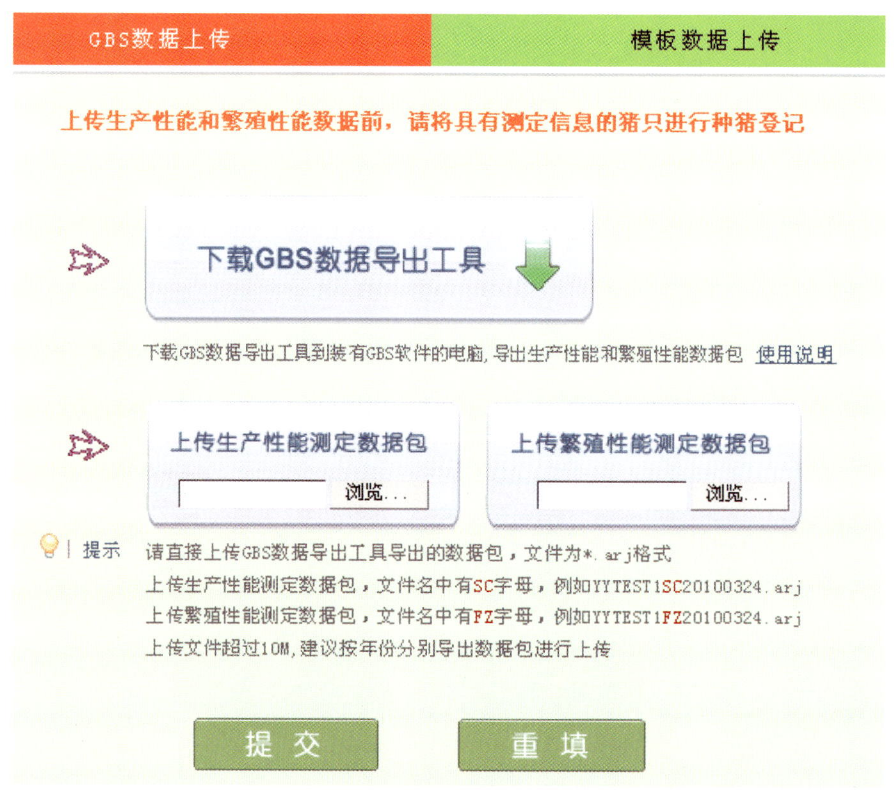

图 5-2

生长信息和繁殖信息数据文件名由注册的猪场用户名、表示文件数据信息的字母、文件生成时间三部分组成，其中字母“FZ”和“SC”分别表示繁殖和生长信息文件。以“testFZ20100322182612.arj”为例，“test”表示猪场用户名为“test”，“FZ”表示该文件为繁殖信息文件，“20100322182612”则表示生成文件的具体时间为 2010 年 3 月 22 日 18 点 26 分 12 秒。参考第 4 章种猪登记中 GBS 数据上传操作，GBS 用户在猪只登记步骤中利用 GBS 数据导出工具生成生长性能测定（文件名中含字母“SC”)、繁殖性能测定（文件名中含字母“FZ”）数据包，直接上传至网站数据库。GBS 数据导出工具使用说明详见附录六。上传文件如果超过 10 M，建议将数据按年份划分，分别导出多个数据包再进行上传。

☞ 为保证数据操作的安全性，登录性能测定模块或网站的用户名必须与“GBS 数据导出工具”中使用的用户名一致，如“GBS 数据导出工具”用户名为“test”，则“性能测定”模块登录用户名也必须是“test”，否则在进行 GBS 数据包上传时，系统将返回错误提示，参见第 4 章。

5.1.2 EXCEL模板数据上传

依次选择“性能测定”—“测定信息数据上传”—“模板数据上传”，进入模板数据上传界面，如图 5-3 所示。

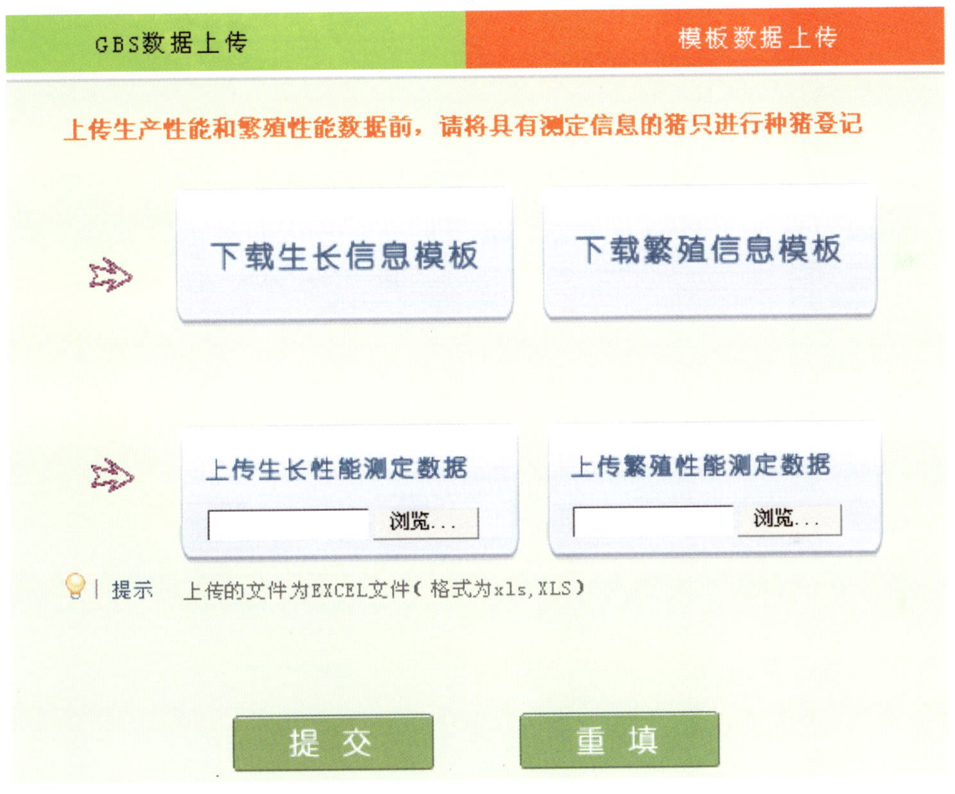

图 5-3

点击“下载生长信息模板”和“下载繁殖信息模板”，填写测定数据信息，按照模板格式要求将填写好的 EXCEL 格式文件上传至网站服务器。

☞ 使用其他育种软件的用户，可根据生长信息模板和繁殖信息模板猪数据格式（数据格式详见附录四），将本场生长性能测定和繁殖性能测定数据转换为 EXCEL 文件，进行上传。

☞ 无论是 GBS 数据上传还是模板数据上传，上传完毕后，需等待管理员进行审核，管理员将通过电子邮件或电话通知用户数据审核结果。

5.2　上传信息查询

性能测定数据上传结束后，猪场用户可以通过上传信息查询功能查询 GBS 数据包和 EXCEL 模板的上传情况。

依次点击“性能测定”—“上传信息查询”，进入上传信息查询界面。输入查询条件，包括上传日期和状态，可以查询到用户上传的数据信息情况，如图 5-4 所示。

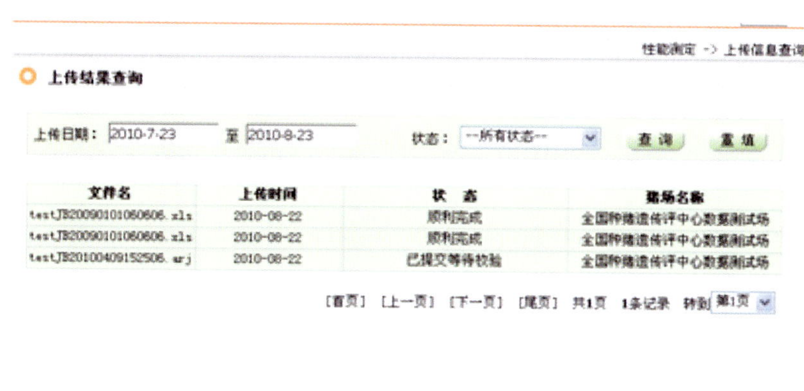

图 5-4

5.3　测定信息查询

所有用户可以通过此功能查询测定数据信息。依次点击“性能测定”—“测定信息查询”，进入测定信息查询界面，如图 5-5 所示。

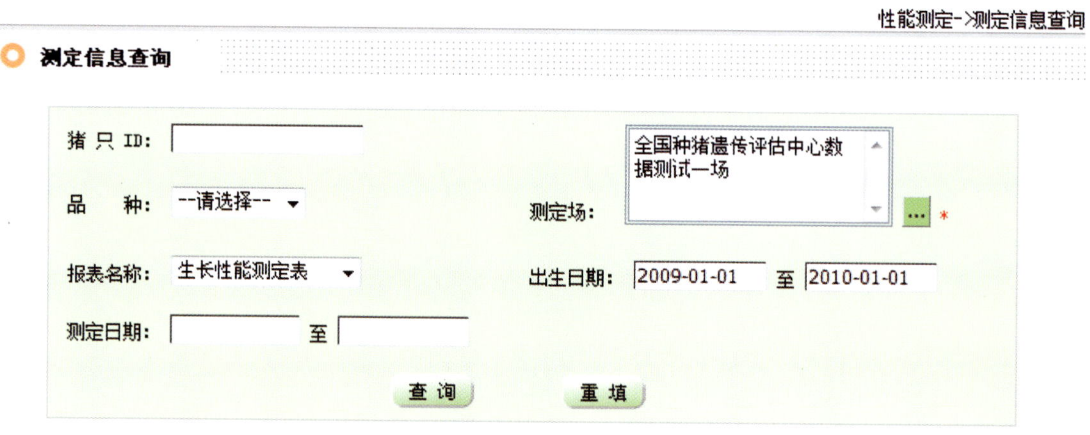

图 5-5

其中：

● 猪只 ID：输入猪只 ID 全部或部分信息，系统支持模糊查询。

● 现在场：必填项，猪只目前所在的场，不同用户选择的范围不同，其中：

猪场用户：猪场列表显示猪场用户的下属分场。

公司用户：猪场列表显示公司下属猪场分场。

● 报表名称：主要包括生长性能测定表、个体繁殖性能表、体尺外貌测定表和胴体及肉质测定表，目前主要以前两者为主。

● 出生日期：输入需要查询猪只出生日期范围。

● 测定日期：输入需要查询猪只测定日期范围。

点击“查询”按钮可以进行测定信息查询，查询结果如图 5-6 所示。

遗传改良-> 信息查询-> 测定信息查询

测定信息查询

点击下载

猪只ID	出生日期	测定场	是否在场	始测日期	始测日龄
YYTEST109000008	2009-01-01	全国种猪遗传评估中心数据测试一场	否	2009-03-22	80
DDTEST109400000	2009-01-02	全国种猪遗传评估中心数据测试一场	否	2009-03-26	83
DDTEST109400001	2009-01-02	全国种猪遗传评估中心数据测试一场	否	2009-03-26	83
DDTEST109400003	2009-01-02	全国种猪遗传评估中心数据测试一场	否	2009-03-26	83
DDTEST109400004	2009-01-02	全国种猪遗传评估中心数据测试一场	否	2009-03-26	83
DDTEST109400005	2009-01-02	全国种猪遗传评估中心数据测试一场	否	2009-03-26	83
DDTEST109400006	2009-01-02	全国种猪遗传评估中心数据测试一场	否	2009-03-26	83
DDTEST109400007	2009-01-02	全国种猪遗传评估中心数据测试一场	否	2009-03-26	83
DDTEST109400101	2009-01-02	全国种猪遗传评估中心数据测试一场	否	2009-03-26	83
DDTEST109400103	2009-01-02	全国种猪遗传评估中心数据测试一场	否	2009-03-26	83
DDTEST109400104	2009-01-02	全国种猪遗传评估中心数据测试一场	否	2009-03-26	83
DDTEST109400106	2009-01-02	全国种猪遗传评估中心数据测试一场	否	2009-03-26	83
DDTEST109400108	2009-01-02	全国种猪遗传评估中心数据测试一场	否	2009-03-26	83
YYTEST109000100	2009-01-02	全国种猪遗传评估中心数据测试一场	否	2009-03-22	79
YYTEST109000101	2009-01-02	全国种猪遗传评估中心数据测试一场	否	2009-03-22	79
YYTEST109000104	2009-01-02	全国种猪遗传评估中心数据测试一场	否	2009-03-22	79
YYTEST109000206	2009-01-02	全国种猪遗传评估中心数据测试一场	否	2009-03-22	79
YYTEST109000302	2009-01-02	全国种猪遗传评估中心数据测试一场	否	2009-03-22	79
YYTEST109000501	2009-01-02	全国种猪遗传评估中心数据测试一场	否	2009-03-22	79
YYTEST109000502	2009-01-02	全国种猪遗传评估中心数据测试一场	否	2009-03-22	79

返回

[首页] [上一页] [下一页] [尾页] 共341页 6807条记录 转到 第1页

图 5-6

点击“点击下载”按钮，可以将查询到的个体测定信息以 EXCEL 文件格式下载到本地硬盘。

鼠标双击“猪只 ID”，可以显示此个体的详细测定信息，以个体“DDTEST109400104”为例，如图 5-7 所示。

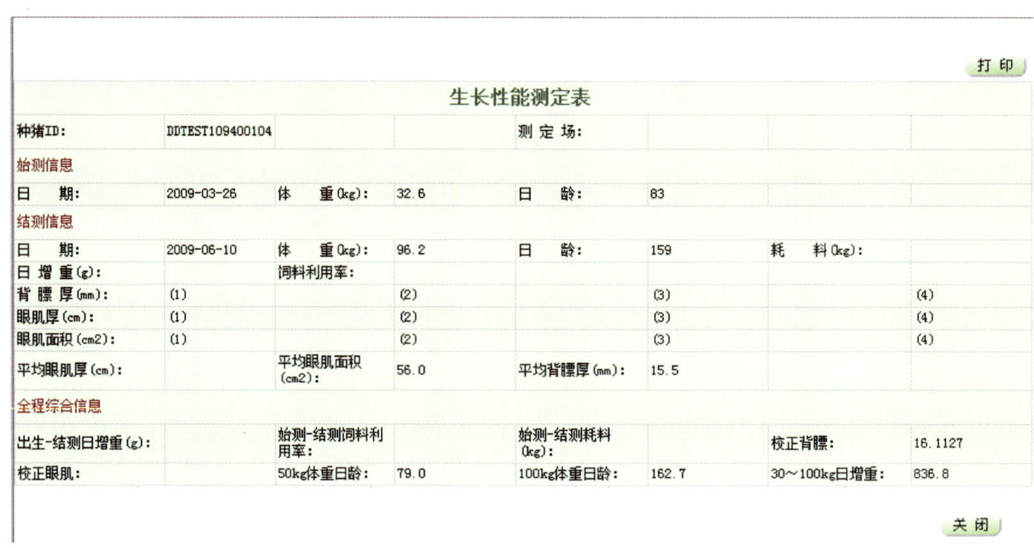

打印

生长性能测定表							
种猪ID:	DDTEST109400104			测 定 场:			
始测信息							
日　期:	2009-03-26	体　重(kg):	32.6	日　龄:	83		
结测信息							
日　期:	2009-06-10	体　重(kg):	96.2	日　龄:	159	耗　料(kg):	
日 增 重(g):		饲料利用率:					
背 膘 厚(mm):	(1)		(2)		(3)		(4)
眼肌厚(cm):	(1)		(2)		(3)		(4)
眼肌面积(cm2):	(1)		(2)		(3)		(4)
平均眼肌厚(cm):		平均眼肌面积(cm2):	56.0	平均背膘厚(mm):	15.5		
全程综合信息							
出生-结测日增重(g):		始测-结测饲料利用率:		始测-结测耗料(kg):		校正背膘:	16.1127
校正眼肌:		50kg体重日龄:	79.0	100kg体重日龄:	162.7	30～100kg日增重:	836.8

关闭

图 5-7

5.4 测定信息修改

主要是用户对所管辖的猪场的猪只测定信息进行修改，包括生长测定信息管理和繁殖信息管理。

5.4.1 生长测定信息管理

依次点击“性能测定”—“测定信息修改”—“生长测定信息管理”，进入生长测定信息管理界面，如图 5-8 所示。

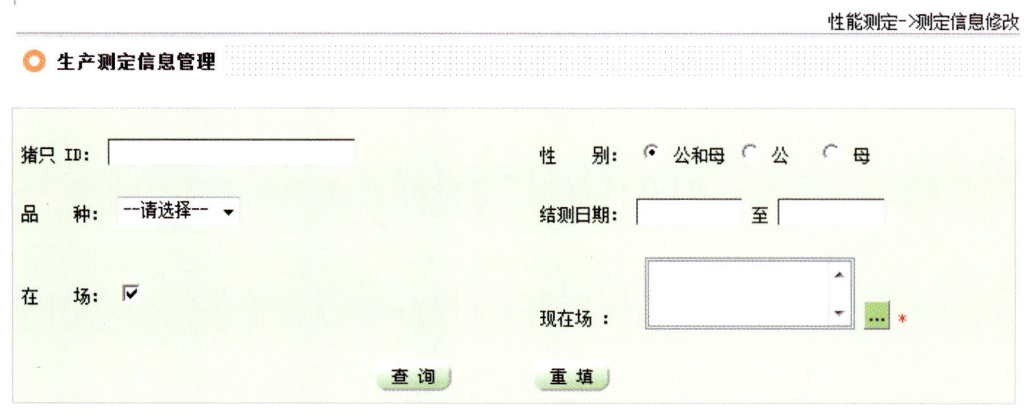

图 5-8

其中：

● 猪只ID：填写猪只的个体号，例如：YYTEST109345621，也可输入部分猪只编号信息，系统支持模糊查询。

● 性别：选择需要查询猪只性别，公和母或公母分别查询。

● 品种：选择需要查询猪只品种，如长白、大白、杜洛克等。

● 结测日期：输入生长测定结束日期范围。

● 在场：选择是否在场，系统默认为在场。

● 现在场：为必填项。点击右侧...按钮，进入猪场选择界面，进行查询的猪场选择，此处可以具体到猪场下属的分场或生产线。

填写查询条件，点击“查询”。结果如图5-9所示。

性能测定->测定信息修改

生产测定信息管理

猪只ID： 性 别：公和母 公 母

品 种：大白 结测日期：2009-01-01 至 2009-12-01

在 场：☑ 现在场：全国种猪遗传评估中心数据测试一场 ... *

查 询 重 填

批量删除

全选	猪只ID	品种	性别	出生日期	测定场	在场状态	修改	删除
□	YYTEST108057403	大白	公	2009-01-04	全国种猪遗传评估中心数据测试一场	在场	修改	删除
□	YYTEST108057901	大白	公	2009-01-04	全国种猪遗传评估中心数据测试一场	在场	修改	删除
□	YYTEST108057909	大白	公	2009-01-04	全国种猪遗传评估中心数据测试一场	在场	修改	删除
□	YYTEST108058001	大白	公	2009-01-04	全国种猪遗传评估中心数据测试一场	在场	修改	删除
□	YYTEST108058003	大白	公	2009-01-04	全国种猪遗传评估中心数据测试一场	在场	修改	删除
□	YYTEST108058301	大白	公	2009-01-04	全国种猪遗传评估中心数据测试一场	在场	修改	删除
□	YYTEST108058309	大白	公	2009-01-04	全国种猪遗传评估中心数据测试一场	在场	修改	删除
□	YYTEST108058403	大白	公	2009-01-04	全国种猪遗传评估中心数据测试一场	在场	修改	删除

图 5-9

点击“批量删除”按钮，可以批量删除猪场所选猪只信息。系统会弹出窗口要求用户进行确认（图5-10），以防止误操作。

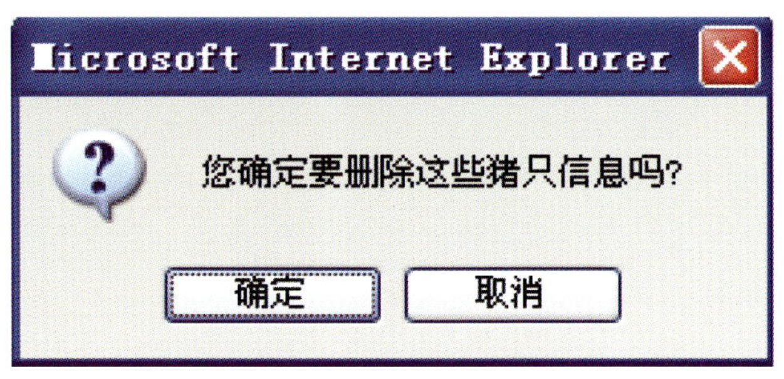

图 5-10

用户可对每条记录进行修改或删除，以个体“YYTEST108057403”为例，点击“删除”，经用户确认操作后（图 5-10），该猪只测定信息将从系统数据库删除。点击“修改”，将弹出测定信息修改页面，如图 5-11 所示，修改完成后点击“确定”按钮，即完成了对该个体的测定信息修改，点击“取消”按钮，则放弃测定信息修改操作。

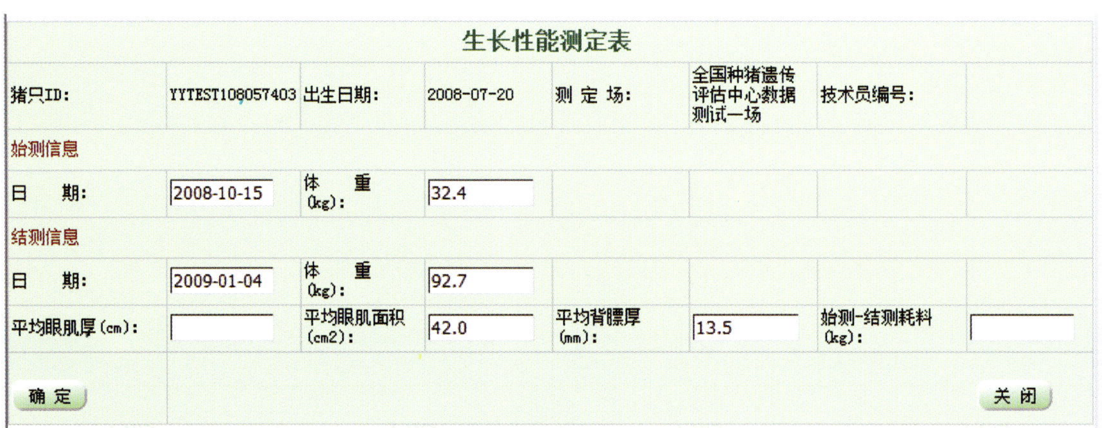

生长性能测定表

猪只ID:	YYTEST108057403	出生日期:	2008-07-20	测 定 场:	全国种猪遗传评估中心数据测试一场	技术员编号:	
始测信息							
日　期:	2008-10-15	体　重(kg):	32.4				
结测信息							
日　期:	2009-01-04	体　重(kg):	92.7				
平均眼肌厚(cm):		平均眼肌面积(cm2):	42.0	平均背膘厚(mm):	13.5	始测-结测耗料(kg):	
确 定							关 闭

图 5-11

5.4.2 繁殖信息管理

依次点击“性能测定”—“测定信息修改”—“繁殖信息管理”，进入繁殖信息管理界面，如图 5-12 所示。

其中：

- 猪只 ID：填写猪只的个体号，例如：YYTEST109345621，也可输入部分猪只编号信息，系统支持模糊查询。
- 胎次：选择需要查询修改的猪只胎次。
- 品种：选择需要查询猪只品种，如长白、大白、杜洛克等。
- 产仔日期：输入母猪产仔的日期范围。

性能测定->测定信息修改

繁殖信息管理

猪只 ID：　胎 次：

品　种：--请选择--　产仔日期：　至

在　场：☑　分娩场：…*

查 询　重 填

图 5-12

● 在场：选择是否在场，系统默认为在场。

● 分娩场：为必填项。点击右侧…按钮，进入猪场选择界面，进行查询的猪场选择，此处可以具体到猪场下属的分场或生产线。

填写查询条件，如图 5-13 所示，点击查询。结果如图 5-13 所示。

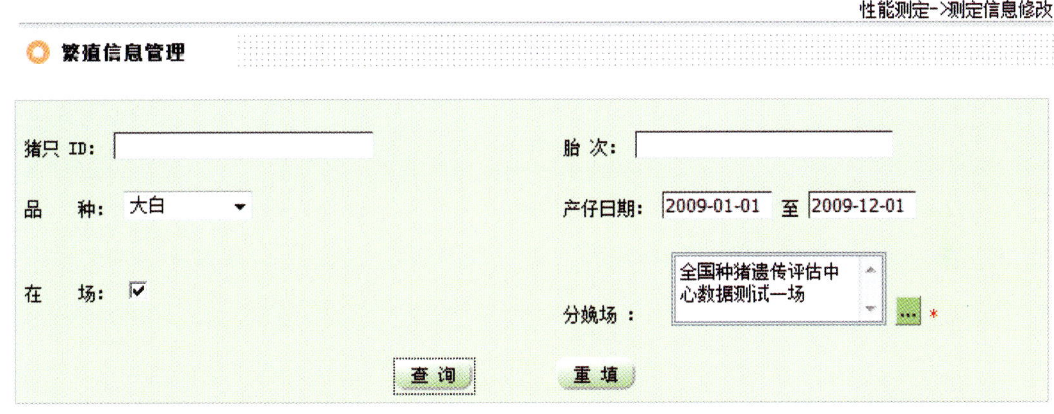

批量删除

全选	猪只ID	品种	产仔日期	胎次	配种次数	分娩场	在场状态	修改	删除
☐	YYTEST105003700	大白	2009-03-07	9	3	全国种猪遗传评估中心数据测试一场	在场	修改	删除
☐	YYTEST105007304	大白	2009-04-08	8	3	全国种猪遗传评估中心数据测试一场	在场	修改	删除
☐	YYTEST105009002	大白	2009-01-03	9	3	全国种猪遗传评估中心数据测试一场	在场	修改	删除
☐	YYTEST105011802	大白	2009-01-08	8	3	全国种猪遗传评估中心数据测试一场	在场	修改	删除
☐	YYTEST105014206	大白	2009-01-23	8	3	全国种猪遗传评估中心数据测试一场	在场	修改	删除
☐	YYTEST105019204	大白	2009-01-27	8	3	全国种猪遗传评估中心数据测试一场	在场	修改	删除
☐	YYTEST105023206	大白	2009-01-27	7	3	全国种猪遗传评估中心数据测试一场	在场	修改	删除
☐	YYTEST105027906	大白	2009-01-19	8	3	全国种猪遗传评估中心数据测试一场	在场	修改	删除
☐	YYTEST105028708	大白	2009-04-03	8	3	全国种猪遗传评估中心数据测试一场	在场	修改	删除

图 5-13

点击“批量删除”按钮，可以批量删除所选猪只繁殖信息。系统会弹出窗口要求用户进行确认，以防止误操作。

用户可对每条记录进行修改或删除，以个体“YYTEST105003700”为例，点击“删除”，经用户确认操作后，该猪只繁殖信息将从系统数据库删除。点击“修改”，将弹出繁殖信息修改页面，如图 5-14 所示，修改完成后点击“确定”按钮，即完成了对该个体的繁殖信息修改，点击“取消”按钮，则放弃繁殖信息修改操作。

个体繁殖性能表

猪只ID:	YYTEST105003700			分娩场:	全国种猪遗传评估中心数据测试一场		
配种日期:	2008-11-13	胎　次	9	配种情期	3	产仔日期:	2009-03-07
总 仔 数:	10	活 仔 数:	7	公 仔 数:	0	母 仔 数:	0
健 仔 数:	7	弱 仔 数:	0	木乃伊数:	0		
死 胎 数:	1	死 仔 数:	0	畸 形 数:	2	出生窝重:	11.0
与配公猪ID	YYTEST1999965						

确 定　　关 闭

图 5-14

5.5　测定信息统计

主要显示本用户管辖的猪场猪只信息统计情况，同登记猪只信息一样，所有用户都可进行猪只信息统计操作。此部分是对测定信息进行统计，如图 5-15 所示。

图 5-15

其中：

● 报表名称包括：生长性能测定表，胴体及肉质测定表，体尺外貌测定表，个体繁殖性能表。

● 测定场：必填项。不同用户选择的范围不同，其中：

猪场用户：猪场列表显示猪场用户的下属分场

公司用户：猪场列表显示公司下属猪场分场

● 测定年份：必填项，输入需要统计的年份区间。

填写查询条件后，如图 5-16 所示，点击“查询”按钮，将显示猪只生长性能测定统计结果。结果如图 5-17 所示。

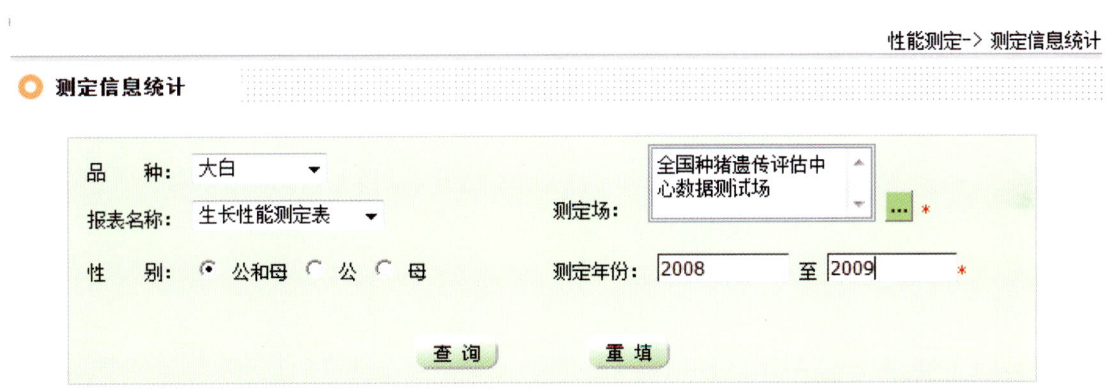

图 5-16

猪场编号	猪场名称	品种	结测年份	性别	实测数量	有效数量	达100kg体重日龄(平均)
TEST	全国种猪遗传评估中心数据测试场	YY	2008	公	1562	1200	153.75
				母	4405	4245	156.7
			2009	公	1911	1391	155.1
				母	5022	4812	161.12
			合计		公：3473 母：9427	公：2591 母：9057	公：154.47 母：159.05

图 5-17

5.6 生产性能对比分析

主要为用户提供不同层次的生产性能对比分析，包括场内性能对比分析、公司场间对比分析、场与区域对比分析和场与全国对比分析。

5.6.1　场内性能对比分析

依次选择“性能测定”—“生产性能对比分析”—“场内性能对比分析”，进入场内性能对比分析界面，如图 5-18 所示。

场内性能对比分析　公司场间对比分析　场与区域对比分析　场与全国对比分析

性能测定-> 生产性能对比分析

场内性能对比分析

分析对象：--请选择-- *　分析元素： *

品　种：--请选择-- *　场内性能进展分析方式：年度进展　年份　至 *

查 询　重 填

图 5-18

其中：

- 分析对象：必填项，主要包括生长性能、屠宰性能和繁殖性能。
- 分析元素：选择完分析对象后，继续选择该分析对象包括的主要性状。如分析对象为繁殖性状，则分析元素中点击右侧按钮，将显示与繁殖性状相关的主要性状指标，如图 5-19 所示。

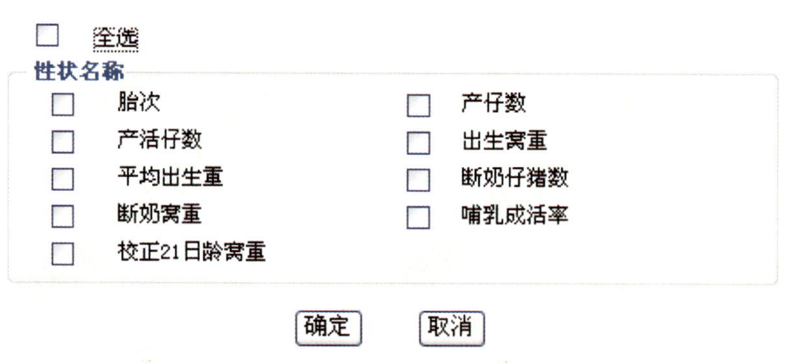

图 5-19

公司场间对比分析，场与区域对比分析和场与全国对比分析界面与场内性能对比分析相似。需要注意的是，在进行场与公司、区域、全国范围的对比分析前，系统应该已经有猪场所在的公司、区域、全国范围的性能分析结果，区域、全国范围内的性能分析结果将由遗传评估中心进行计算。

第6章 遗传评估

当猪场用户完成种猪登记和性能测定数据上传后，即可利用遗传评估模块对本场猪只进行遗传评估，同样，公司用户也可对其下属猪场进行遗传评估。遗传评估模块主要包括在线遗传评估和遗传评估结果分析两大功能。

6.1 在线遗传评估

6.1.1 评估申请

依次选择“遗传评估”—“评估申请”，进入评估申请界面，如图 6-1 所示。

评估申请

现在场： … *　　模　型： … *

品　种：--请选择-- *　　出生日期：2000-4-11 至 2010-4-11 *

在　场：

确定　重填

图 6-1

其中：

● 现在场：选择需要进行遗传评估的猪场，点击右侧按钮，显示用户下属猪场分场，不同类型用户猪场选择范围不同。

猪场用户：猪场列表显示猪场用户的下属分场。

公司用户：猪场列表显示公司下属猪场分场。

● 模型：点击右侧按钮，弹出目前系统主要提供的遗传评估分析模型，如图 6-2 所示。

● 品种：选择需要进行评估的品种。

● 出生日期：输入进行遗传评估个体的出生日期范围。

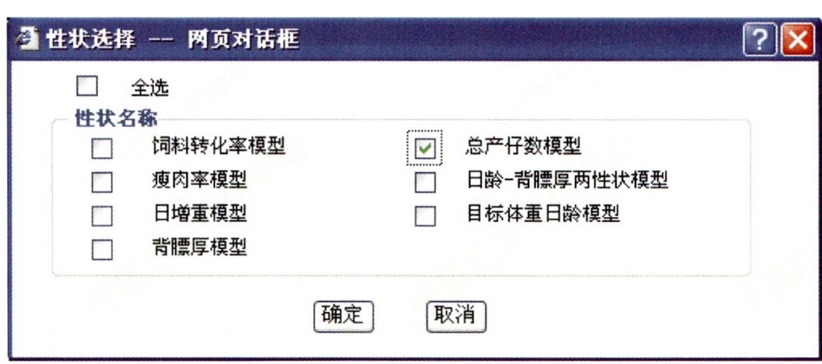

图 6-2

● 在场：点击选择框，表示仅考虑在场个体，系统默认是将在场、不在场个体一同进行遗传评估。

完成现在场、模型、品种和出生日期设置后，点击确定，在线遗传评估申请将提交至全国种猪遗传评估信息网计算平台，系统将自动对范围内的数据进行检查，管理员再进行二次核查，通过后管理员将数据提交至遗传评估程序计算。因此在线评估通常需要一定时间才能返回最终结果，期间用户可以对在线评估状态进行查询。

6.1.2 评估状态查询

依次选择“遗传评估”—“评估状态查询”，进入评估状态查询页面，如图 6-3 所示。

评估状态查询

申请日期：2010-04-10 至 2010-05-31　状态：--所有状态--　查 询　重 填

队列号	申请时间	处理时间	处理状态	操　作
	2010-05-29	2010-05-29	计算完毕	下 载
	2010-05-31	2010-05-31	计算完毕	下 载
	2010-05-31	2010-05-31	计算完毕	下 载
	2010-05-31	2010-05-31	计算完毕	下 载
	2010-05-31	2010-05-31	计算完毕	下 载
	2010-05-31	2010-05-31	计算完毕	下 载

图 6-3

填写查询条件，包括申请日期和状态，进行查询。

若查询结果显示遗传评估处理状态是“排队中”，则需等待；若查询结果显示是“计算完毕”，则可点击“下载”按钮直接下载计算结果。

6.2 遗传评估结果分析

6.2.1 遗传进展分析

进行过在线遗传评估后，遗传评估结果将保存在全国种猪遗传评估信息网系统数据库中，用户可以进行场内遗传进展分析、公司场间遗传进展分析，场与区域遗传进展分析和场与全国遗传进展分析，如图 6-4 所示。

图 6-4

以场内遗传进展分析为例，依次选择“遗传评估”—“场内遗传进展分析”，进入场内遗传进展分析界面，如图 6-5 所示。

场内的遗传进展分析　公司场间遗传进展分析　场与区域遗传进展分析　场与全国遗传进展分析

遗传评估-> 遗传评估结果分析 -> 遗传进展分析

场内遗传进展分析

现 在 场： *　显示性状： *

品 种： --请选择-- *　场内遗传进展分析： 年度进展 * 年份 至

查 询　重 填

图 6-5

其中：

● 现在场：选择需要查询的猪场，点击右侧按钮，显示用户下属猪场分场，不同类型用户猪场选择范围不同。

猪场用户：猪场列表显示猪场用户的下属分场。

公司用户：猪场列表显示公司下属猪场分场。

● 显示性状：选择需要显示的性状，点击右侧按钮，弹出可供选择的性状，如图 6-6 所示。

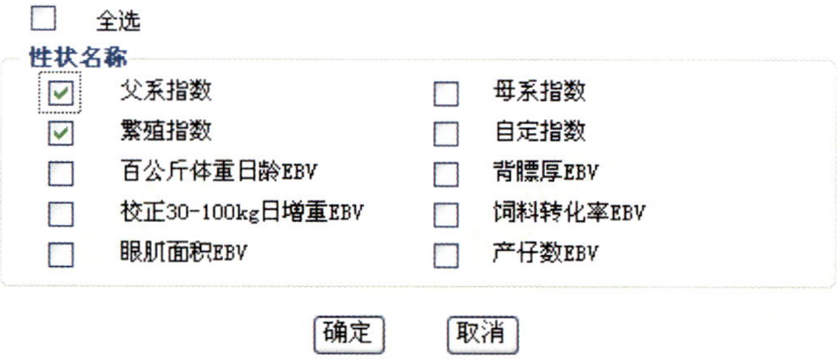

全选
性状名称
父系指数
母系指数
繁殖指数
自定指数
百公斤体重日龄EBV
背膘厚EBV
校正30-100kg日增重EBV
饲料转化率EBV
眼肌面积EBV
产仔数EBV
确定
取消

图 6-6

● 品种：选择需要分析的品种。

● 场内遗传进展分析：提供按年度和月份两种方式。

按年度统计分析：统计年度区间内每年的遗传进展。

按月份统计分析：统计某一年份每月的遗传进展。

设置查询条件，如图 6-7 所示。

场内遗传进展分析
现 在 场:
全国种猪遗传评估中心数据测试一场
显示性状:
父系指数
母系指数
繁殖指数
品 种:
大白
场内遗传进展分析:
年度进展
年份2000 至2009
查 询
重 填

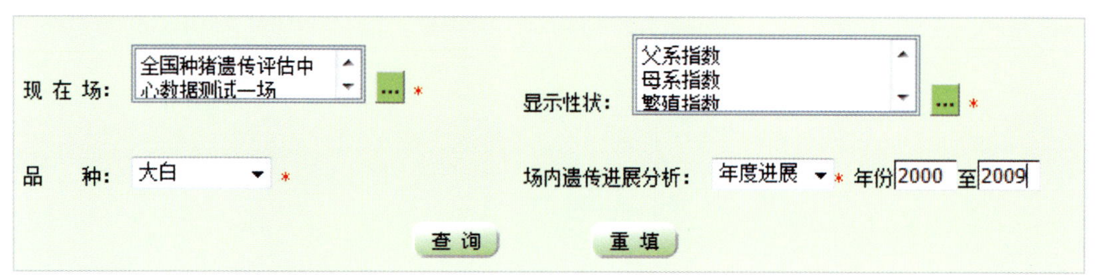

图 6-7

点击“查询”按钮，返回查询结果，如图 6-8 所示。

根据查询结果，系统可生成年度遗传进展柱状图和折线图，选择分析性状，点击“柱状图”，生成柱状图，可放大和缩小，如图 6-9 所示。

场内遗传进展分析

分析：---请选择---　柱状图　折线图

年度	统计只数	百公斤体重日龄EBV	背膘厚EBV	产仔数EBV
2000	78	.53	-.13	.04
2001	56	-1.22	.14	.13
2002	28	-2.18	-.47	-.05
2003	59	-3.03	-.7	-.13
2004	2	0.09	-.73	-.07

返回

图 6-8

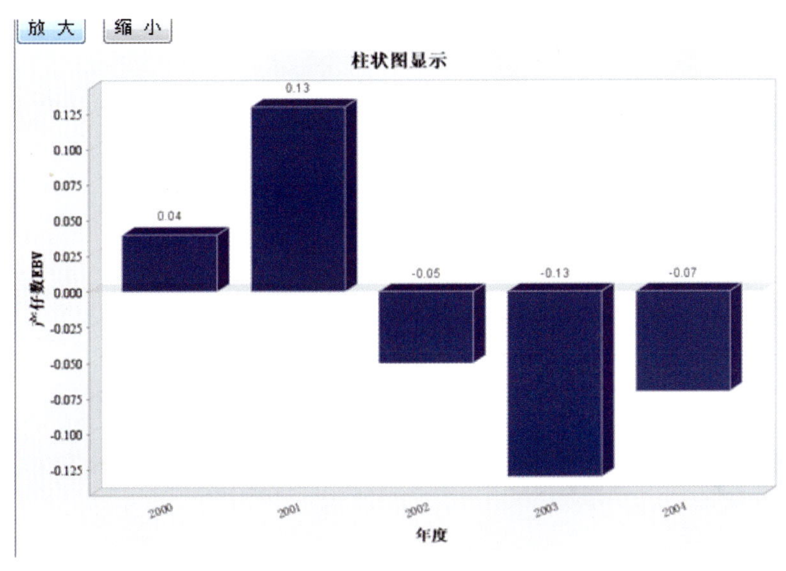

图 6-9

公司场间遗传进展分析，场与区域遗传进展分析和场与全国遗传进展分析界面与场内遗传进展分析相似。需要注意的是，在进行场与公司、区域、全国范围的遗传进展分析对比前，系统应该已经有猪场所在的公司、区域、全国范围的遗传评估结果，区域、全国范围内的遗传评估结果将由遗传评估中心进行计算。

6.2.2 评估结果下载

依次选择“遗传评估”—“评估结果下载”，进入遗传评估结果下载界面，如图 6-10 所示 。

其中：

● 现在场：猪只所在的场，点击右侧按钮，显示用户下属猪场分场，不同类型用户猪场选择范围不同。

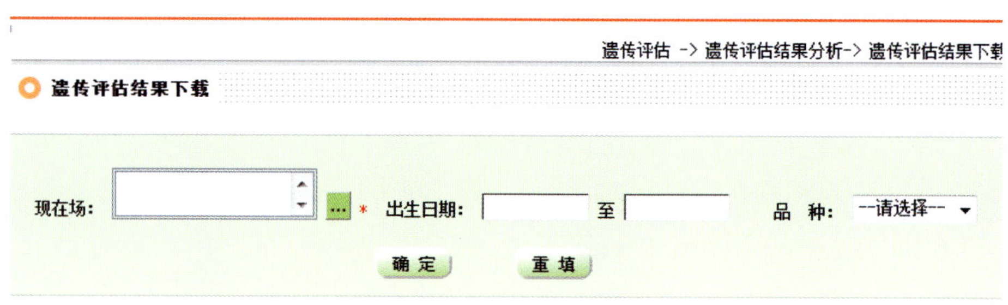

图 6-10

猪场用户：猪场列表显示猪场用户的下属分场。

公司用户：猪场列表显示公司下属猪场分场。

● 出生日期：输入下载育种值个体的出生日期范围。

点击“确定”按钮，生成按指定条件生成的 EBV 文件，点击下载，保存到本地硬盘，如图 6-11 所示。

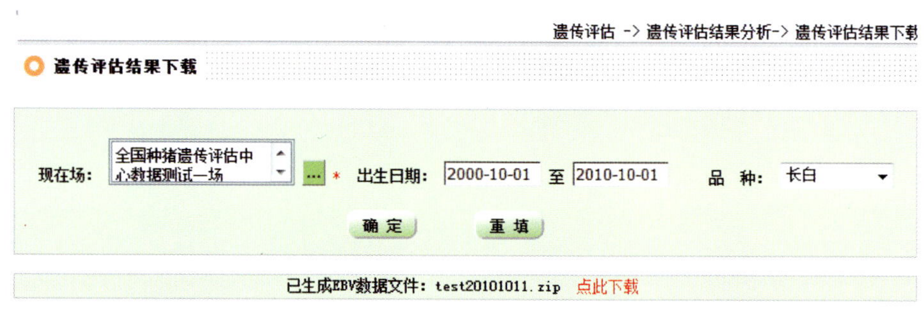

图 6-11

6.2.3 评估结果查询

依次选择“遗传评估”—“评估结果查询”，进入评估结果查询界面，如图 6-12 所示。

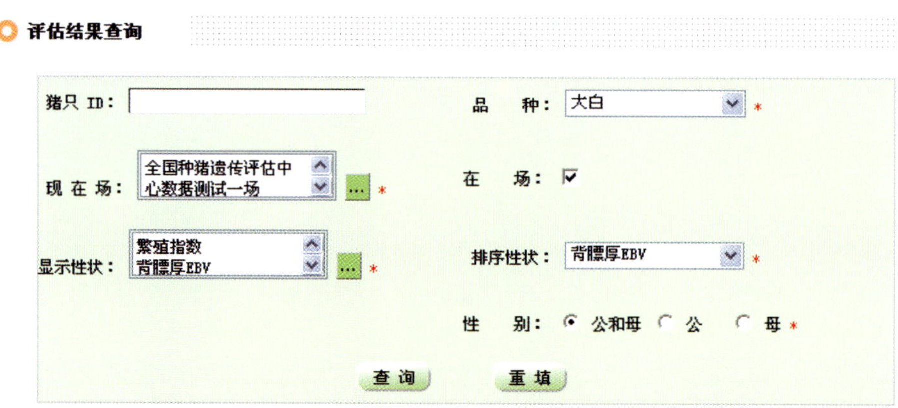

图 6-12

其中：

● 猪只 ID：输入需要查询的猪只 ID 号全部或部分信息，系统支持模糊查询。

● 现在场：猪只所在的场，点击右侧按钮，显示用户下属猪场分场，不同类型用户猪场选择范围不同。

猪场用户：猪场列表显示猪场用户的下属分场。

公司用户：猪场列表显示公司下属猪场分场。

● 在场：点击单选框为在场，即仅查询在场个体，否则，在场、不在场个体同时考虑。

● 显示性状：选择需要显示的性状，点击右侧按钮，根据弹出的性状列表进行选择，如图 6-13 所示。

☐ 全选

性状名称

☐ 父系指数	☑ 母系指数
☐ 繁殖指数	☐ 自定指数
☑ 百公斤体重日龄EBV	☐ 背膘厚EBV
☐ 校正30-100kg日增重EBV	☐ 饲料转化率EBV
☐ 眼肌面积EBV	☐ 产仔数EBV

确定　取消

图 6-13

● 排序性状：如果选择多个显示性状，则需要选择其中一个性状作为排序性状，对查询结果进行排序。

完成查询条件后，如图 6-13 所示，点击“查询”按钮，返回遗传评估查询结果，如图 6-14 所示。

遗传评估结果查询

返回

猪只ID	出生日期	出生场	测定场	在场状态	繁殖指数	背膘厚EBV
YYtest101027803	2001-01-25			在场		.3554
YYtest100025508	2000-12-31			在场		-.3797
YYtest199923795	1999-07-04			在场		-.4789
YYtest100522908	2000-03-06			在场		-.4845
YYtest104218108	2004-02-21			在场		-.7157
YYtest104214401	2004-01-30			在场		-.7485

图 6-14

双击某个猪只 ID，则会显示该猪只的基本信息和育种值信息，以“YYtest104214401”为例，如图 6-15 所示。

种猪信息

基本信息

猪只ID：	YYtest104214401	猪只编号：	YYtest104214401	出生日期：	2004-01-30	来　源：	本场出生
性　别：	母	现 在 场：		出 生 场：		在场状态：	在场
品　种：	大白	品　系：		猪只状态：	空怀母猪	核 心 群：	否
同窝仔数：	13	遗传缺陷：		耳 缺 号：	214401	胎　次：	2
父猪ID：	YYtest102028911	母猪ID：	YYtest102024102	近交系数：	0.0020		

转后备信息

发 生 场：		日　期：		发 生 舍：		执 行 人：	

离场信息

离场方式：		离场日期：		执 行 人：		离场体重：	(kg)
离场原因：				离场备注：			

测定信息

出 生 重：	1.6(kg)	21日龄重：	5.2(kg)	左乳头数：	7	右乳头数：	7
断奶日期：	2004-03-02	断奶日龄：	32	断奶体重：	10.2(kg)	应激基因型：	

系谱信息

YYtest104214401
- 父:YYtest102028911
  - 父:
    - 父:
    - 母:
  - 母:
    - 父:
    - 母:
- 母:YYtest102024102
  - 父:YYtest100006403
    - 父:
    - 母:
  - 母:YYtest100024605
    - 父:
    - 母:

相关性状值

父系指数		母系指数		繁殖指数		自定指数	
百公斤体重日龄EBV	-4.96	背膘厚EBV	-.7485	校正30-100kg日增重EBV		饲料转化率EBV	
眼肌面积EBV		产仔数EBV	.051				

关 闭

图 6-15

QUANGUOZHONGZHUYICHUANPINGGUXINXIWANG

第7章 育种工具

育种工具模块主要为用户提供配种计划的定制与查询、育种方案的制定和群体近交分析，对猪场用户、公司用户、专家用户和管理员用户没有权限设置。

7.1 配种计划

7.1.1 配种计划定制

依次选择“育种工具”—“配种计划定制”，进入配种计划界面，如图 7-1 所示。

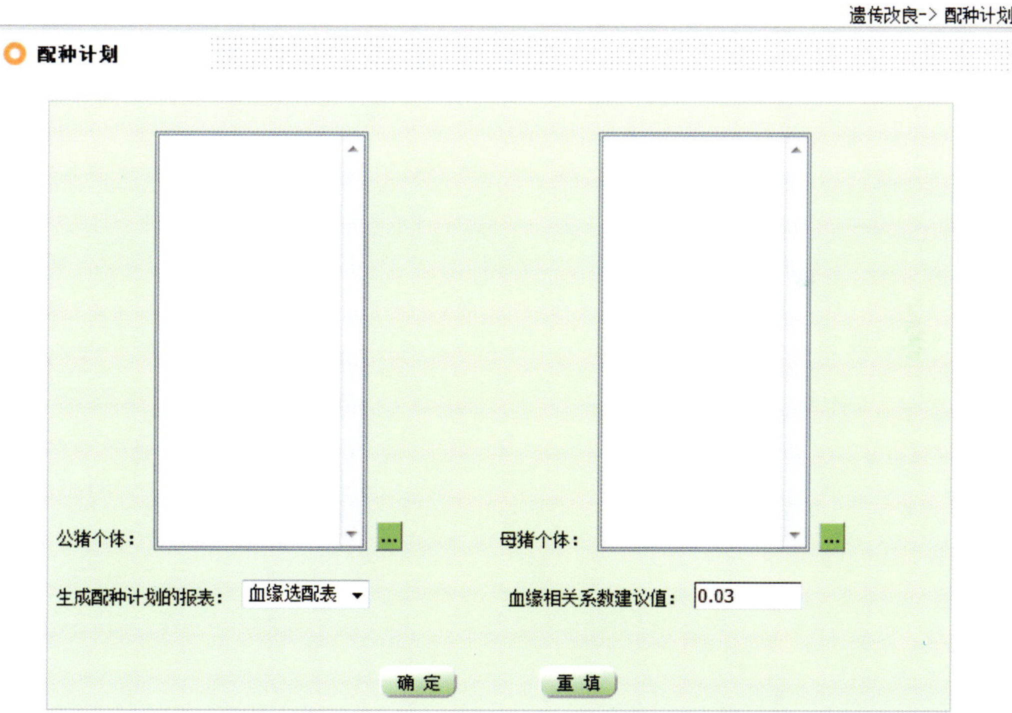

图 7-1

其中：

- 公猪个体：在全国猪场范围内根据条件选择公猪，如图 7-2 所示。
- 母猪个体：针对不同用户类型，在本猪场、本公司所属猪场范围内根据条件选择参加配种的母猪。

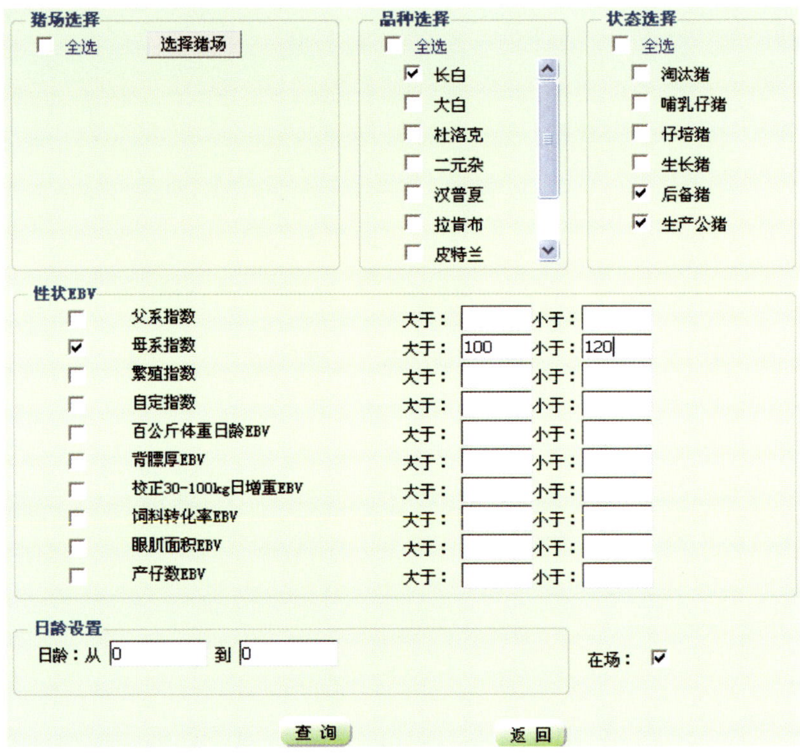

图 7-2

● 生成配种计划的报表：分为血缘选配表和性状选配表两种，其中性状选配增加显示性状，主要根据显示性状制定配种计划。

● 血缘相关系数建议值：系统默认为0.03，可根据本猪场的育种方案进行修改。完成参数设置后，如图7-3所示。

图 7-3

点击“查询”按钮，生成配种计划，如图 7-4 所示，可点击“点击下载”直接保存到本地电脑。

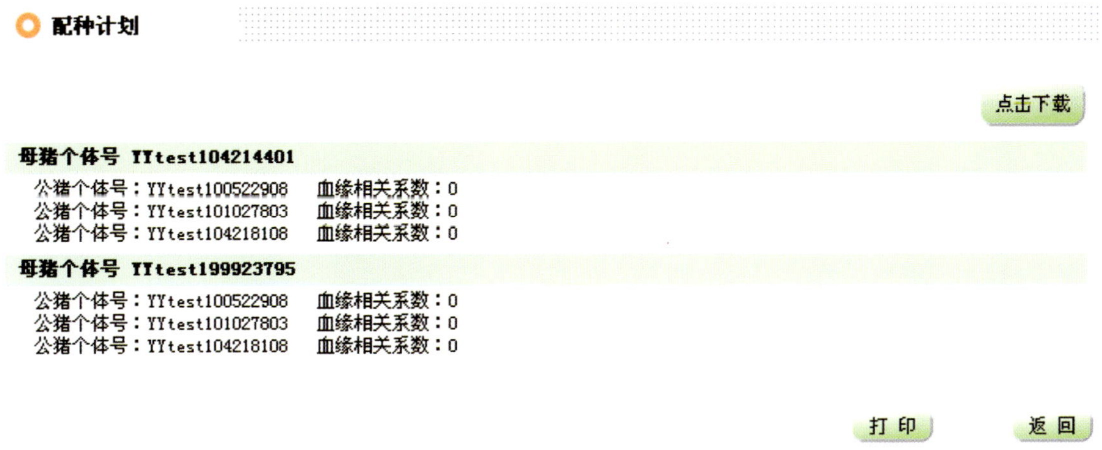

图 7-4

7.1.2 配种计划定制记录

系统保存了用户制定过的配种计划，以方便用户对历史配种计划进行查询。依次选择“育种工具”—“配种计划制定记录”,进入配种计划制定记录查询界面，可以显示以往配种计划定制记录，如图 7-5 所示。

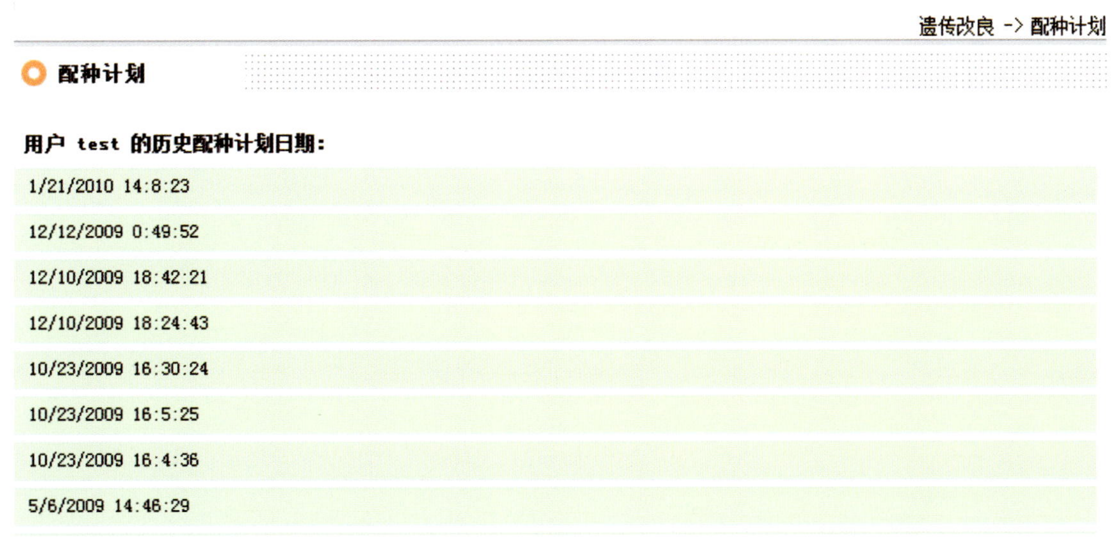

图 7-5

点击其中的某条记录，将显示该记录的具体信息，如以“1/21/2010”的记录为例，其具体配种计划如图 7-6 所示。

配种计划

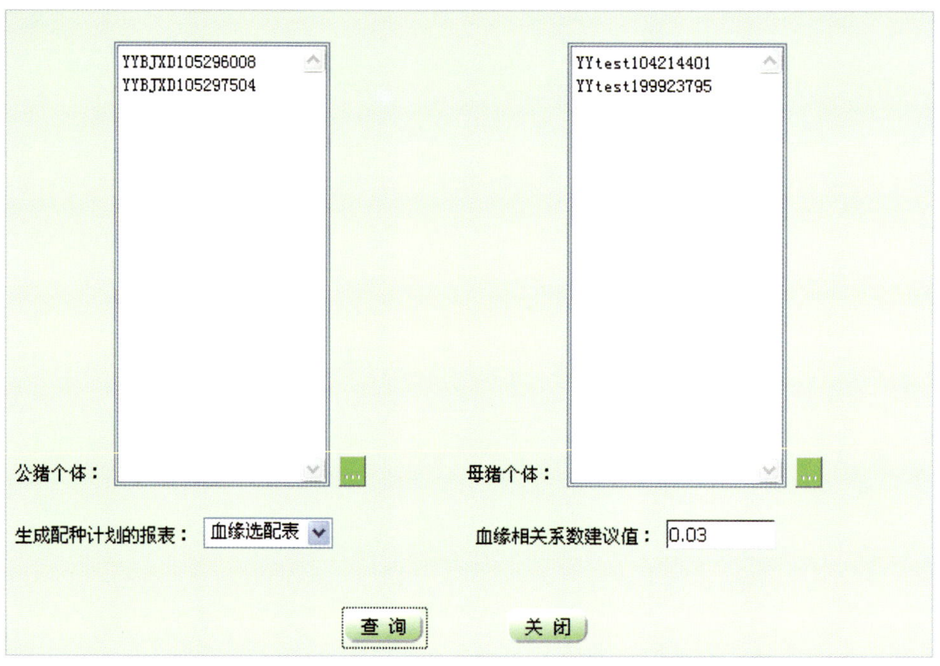

图 7-6

7.2 育种方案

育种工具模块可以根据用户要求定制育种方案，主要包括方案申请和方案状态查询。

7.2.1 方案申请

依次选择“育种工具”—“育种方案”—“方案申请”，进入方案申请界面，如图 7-7 所示。

对公猪选留参数、母猪选留参数、AI 参数、其他选留参数、目标性状选择情况、其他选项和自定义权重进行设置后，点击“确定”按钮可以申请育种方案。

7.2.2 方案状态查询

依次选择“育种工具”—“育种方案”—“方案状态查询”，进入方案状态查询界面，点击“查询”后将显示配种方案目前所在的状态，如图 7-8 所示。

图 7-7

图 7-8

7.3 群体近交分析

育种工具可以为用户进行群体近交分析。依次选择“育种工具”—“群体近交分析”，进入群体近交分析界面，如图 7-9 所示。

其中：

- 现在场：猪只目前所在的场，点击右侧按钮，显示用户下属猪场分场，不同类型用户猪场选择范围不同。

遗传改良 -> 群体近交分析

群体近交分析

图 7-9

猪场用户：猪场列表显示猪场用户的下属分场。

公司用户：猪场列表显示公司下属猪场分场。

● 在场：点击单选框为在场，即计算在场个体的近交系数。系统默认为同时考虑在场、不在场个体。

● 出生日期：对出生日期范围内的猪只进行群体近交分析。

点击“查询”按钮，可以得到群体近交分析结果，如图 7-10 所示。

群体近交分析

猪场名称	品种	统计头数	近交系数均值
	大白	53	0.002
所有猪只：		53	0.0020

图 7-10

附录一 全国生猪遗传改良计划专家组和全国猪联合育种协作组专家名单

附表 1

组　长	陈瑶生	教授	中山大学
副组长	张勤	教授	中国农业大学
	王爱国	教授	中国农业大学
成　员	黄路生	教授	江西农业大学
	潘玉春	教授	上海交通大学
	徐宁迎	教授	浙江大学
	杨公社	教授	西北农林科技大学
	李学伟	教授	四川农业大学
	王立贤	研究员	中国农业科学院畜牧兽医研究所
	李加琪	教授	华南农业大学
	王楚端	教授	中国农业大学
	王金勇	研究员	重庆畜牧科学院
	武英	研究员	山东省农业科学院畜牧研究所
	雷明刚	教授	华中农业大学
	陈斌	教授	湖南农业大学
	王希彪	教授	东北农业大学
秘　书	刘小红	教授	中山大学

附录二 全国生猪遗传改良计划核心育种场申请说明

根据全国生猪遗传改良计划实施方案，国家生猪核心育种场的申请需通过全国种猪遗传评估信息网完成。该过程主要包括用户注册、登录平台、种猪登记、上传性能测定数据和上传国家生猪核心育种场申请表 5 个步骤。

附图 1

其中用户注册、登录平台、种猪登记、上传性能测定数据详见第 2 章、第 3 章、第 4 章和第 5 章内容，国家生猪核心育种场申请表上传按如下操作：依次选择“全国生猪遗传改良计划”—“申请表上传”，进入国家生猪核心育种场申请页面。如附图 2 所示。

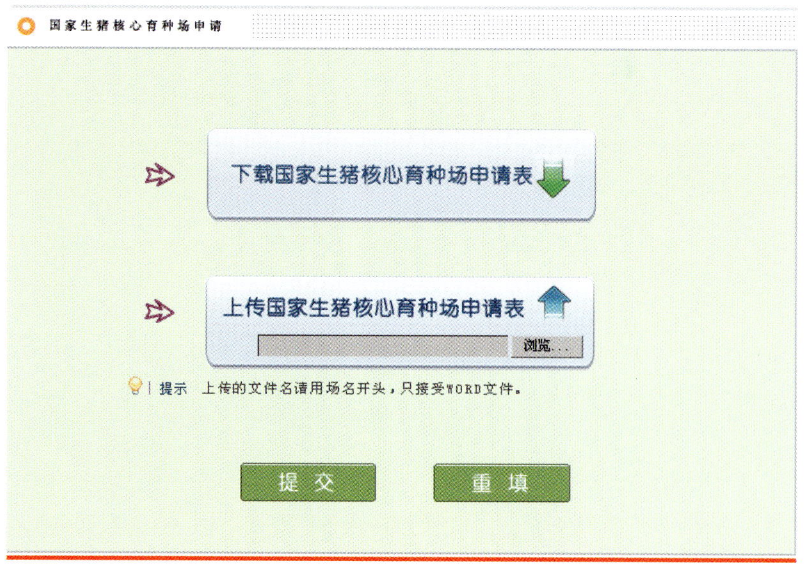

附图 2

下载国家生猪核心育种场申请表，填写完毕后点击“上传国家生猪核心育种场申请表”按钮上传申请表。

附录三　种猪个体号编号规则

实行全国统一的种猪编号系统，是保证全国性种猪遗传评估工作开展的必要前提条件。

本编号系统由15位字母和数字构成，编号原则为：

（1）前2位用英文字母表示品种：DD表示杜洛克，LL表示长白，YY表示大白，HH表示汉普夏，二元杂交母猪用父系+母系的第一个字母表示，例如长大杂交母猪用LY表示；

（2）第3～6位用英文字母表示出生场代码（由农业部统一认定，以免出现重复）；

（3）第7位表示场内分场序号（数字或字母）；

（4）第8～9位表示个体出生时的年度，取自然年度的后两位数；

（5）第10～15位表示耳号，建议用前4位表示年度内窝顺序号，后两位表示窝内个体顺序号。

例如，DDXXXX199000101表示XXXX场第一分场1999年出生的第1窝中的第1头杜洛克纯种猪。

种猪登记

附图 3

附录四 种猪登记和性能测定数据EXCEL模板格式

种猪登记信息模板：

附表 2

名称	长度	字段类型说明	示例说明	范围
种猪 ID	15	字符类型	YYTEST109123321	
性别	2	正整数	公	
猪只状态	10	字符类型	生长猪	
父亲 ID	15	字符类型	YYTEST107332123	
母亲 ID	15	字符类型	YYTEST107987776	
出生日期	23	日期类型	2009－4－21	
入场日期	23	日期类型	2009－4－21	
断奶日期	23	日期类型	2009－5－21	
出生场编号	5	字符类型	TEST1	
现在场编号	5	字符类型	TEST1	
来源	10	正整数，长度 10 位	本场出生	
品种	2	字符类型	长白	
品系	8	字符类型	美系长白	
出生胎次	10	正整数，长度 10 位	1	1 ~ 8（次）
同窝活仔数	10	正整数，长度 10 位	11	1 ~ 25（头）
出生场耳缺号	6	字符类型	123321	
出生重	(6,2)	浮点数类型，长度 6 位，精确到小数点后 2 位	1.50	0.5 ~ 3（kg）
左乳头数	10	正整数	7	1 ~ 10（个）
右乳头数	10	字符类型	7	1 ~ 10（个）
应激基因型	10	字符类型	NN	
同窝断奶窝仔数	10	正整数，长度 10 位	12	1 ~ 25（头）
同窝断奶窝重	(6,2)	浮点数类型，长度 6 位，精确到小数点后 2 位	30.00	(断奶仔猪数×3)～(断奶仔猪数×15)

说明：1. 类型：指数据库字段数据类型　2. 长度：指数据库字段长度；3. 范围：指字段数值范围；下同。

为便于输入，模板对一些猪只基本信息字段做了详细说明，具体如下：

附表 3

猪只登记信息模板字段说明			
字段类型	填写数据格式		填写示例
日期	yyyy-mm-dd		2010-1-1
性别	公／母		公
来源	本场出生		本场出生
	购入		
品种	品种／品系名称	编号	北京黑猪
	北京黑猪	BH	
	二元杂	CR	
	杜洛克	DD	
	汉普夏	HP	
	拉肯布	LK	
	长白	LL	
	商品肉猪	PK	
	皮特兰	PP	
	大白	YY	
品系	自繁杜洛克	DD01	自繁大白
	美系杜洛克	DD02	
	丹系杜洛克	DD03	
	比系杜洛克	DD04	
	挪系杜洛克	DD05	
	英系杜洛克	DD06	
	瑞典杜洛克	DD07	
	台湾杜洛克	DD08	
	加系杜洛克	DD09	
	自繁汉普夏	HP01	
	自繁拉肯布	LK01	
	中系新长白	2200	
	法系长白	LL00	
	自繁长白	LL01	
	美系长白	LL02	
	丹系长白	LL03	
	比系长白	LL04	
	挪威长白	LL05	
	英系长白	LL06	
	瑞典长白	LL07	
	台湾长白	LL08	

续附表 3

猪只登记信息模板字段说明			
品系	加系长白	LL09	自繁大白
	杜长大肉猪	PK01	
	杜大长肉猪	PK02	
	皮杜长大肉猪	PK03	
	皮杜大长肉猪	PK04	
	杜皮长大肉猪	PK05	
	杜皮大长肉猪	PK06	
	自繁皮特兰	PP01	
	美系皮特兰	PP02	
	丹系皮特兰	PP03	
	比系皮特兰	PP04	
	挪系皮特兰	PP05	
	英系皮特兰	PP06	
	瑞典皮特兰	PP07	
	台湾皮特兰	PP08	
	加系皮特兰	PP09	
	法系皮特兰	PP10	
	自繁大白	YY01	
	美系大白	YY02	
	丹系大白	YY03	
	比系大白	YY04	
	挪系大白	YY05	
	英系大白	YY06	
	瑞典大白	YY07	
	台湾大白	YY08	
	加系大白	YY09	
	美系大白	YY10	

生长性能测定模板：

附表 4

中文名	长度	字段类型说明	示例说明	范围
种猪 I D	15	字符类型	YYTEST109123321	
出生日期	23	日期类型	2009－4－21	
始测日期	23	日期类型	2009－6－21	
始测体重	(8,2)	浮点数类型，长度 8 位，精确到小数点后 2 位	30.00	20 ~ 50（kg）

续附表 4

中文名	长度	字段类型说明	示例说明	范围
结测日期	23	日期类型	2009/9/21	
结测体重	(8,2)	浮点数类型，长度 8 位，精确到小数点后 2 位	95.00	75 ~ 125（kg）
结测耗料	(8,2)	浮点数类型，长度 8 位，精确到小数点后 2 位	185.00	97.5 ~ 420(kg)
平均背膘厚	(8,2)	浮点数类型，长度 8 位，精确到小数点后 2 位	11.00	8 ~ 40(mm)
平均眼肌厚	(8,2)	浮点数类型，长度 8 位，精确到小数点后 2 位	44.00	40 ~ 100(mm)
平均眼肌面积	(8,2)	浮点数类型，长度 8 位，精确到小数点后 2 位	44.00	20 ~ 100(cm^2)
测定场编号	5	字符类型	TEST1	

繁殖性能测定模板：

附表 5

中文名	长度	字段类型说明	示例说明	范围
种猪 ID	15	字符类型	YYTEST109123321	
胎次	10	正整数	1	
产仔日期	23	日期类型	2010/4/21	
产仔数	10	正整数	12	1 ~ 25（个）
产活仔数	10	正整数	11	1 ~ 25（个）
公仔数	10	正整数	6	1 ~ 25（个）
母仔数	10	正整数	5	1 ~ 25（个）
畸形数	10	正整数	0	1 ~ 25（个）
木乃伊	10	正整数	0	1 ~ 25（个）
死胎数	10	正整数	0	1 ~ 25（个）
弱仔数	10	正整数	0	1 ~ 25（个）
健仔数	10	正整数	11	1 ~ 25（个）
死仔数	10	正整数	9	1 ~ 25（个）
出生窝重	(6,2)	浮点数类型，长度 6 位，精确到小数点后 2 位	12.00	1 ~ 75(kg)
分娩场编号	5	字符类型	TEST 1	
本胎次首次配种日期	23	日期类型	2010-1-1	
配种次数	10	正整数	1	1 ~ 4(次)
本胎次末次配种日期	23	日期类型	2010-1-1	
与配公猪 ID	15	字符类型	YYTEST108334521	

附录五　EXCEL模板数据常见问题及解决办法

1. 如果您使用的是旧EXCEL模板，请下载新EXCEL模板。下载地址：http://www.cnsge.org.cn/docc/toolsdownload.jsp?sendLocation=/docc/toolsdownload.jsp

2. 猪只ID需要使用全国统一标识，参见附录二种猪个体号编号规则。

3. 耳缺号。

(a) 正确：

出生场耳缺号
123456

(b) 错误：

出生场耳缺号
1094−1
84−1
782−1

4. 性别。

正确方式：公／母。

性别
母

5. 来源。

正确方式：本场出生／购入。

来源
本场出生

6. 品种／品系。

(a) 品种正确填写：长白／大白／杜洛克／皮特兰／北京黑猪／二元杂／汉普夏／拉肯布／商品肉猪。

品种
长白

(b) 品种错误填写：LL/YY/DD 或“大白”写成“大约克”。

(c) 品系正确填写：

附表 6

自繁杜洛克	中系新长白	自繁大白	自繁皮特兰	杜长大肉猪
美系杜洛克	法系长白	美系大白	美系皮特兰	杜大长肉猪
丹系杜洛克	自繁长白	丹系大白	丹系皮特兰	皮杜长大肉猪
比系杜洛克	美系长白	比系大白	比系皮特兰	皮杜大长肉猪
挪系杜洛克	丹系长白	挪系大白	挪系皮特兰	杜皮长大肉猪
英系杜洛克	比系长白	英系大白	英系皮特兰	杜皮大长肉猪
瑞典杜洛克	挪威长白	瑞典大白	瑞典皮特兰	自繁汉普夏
台湾杜洛克	英系长白	台湾大白	台湾皮特兰	自繁拉肯布
加系杜洛克	瑞典长白	加系大白	加系皮特兰	
	台湾长白	美系大白	法系皮特兰	
	加系长白			

7. 日期 / 时间格式。

(a) 正确填写方式：2010-06-22；

(b) 错误填写方式：2010/06/22 或其他方式；

(c) 检查模板日期格式设置：

鼠标单击选中“日期字段单元格”，单击鼠标右键弹出“设置单元格菜单”，选择“设置单元格格式”，弹出单元格格式选项卡，左侧选择“日期”，如果日期类型如附图 4 所示。

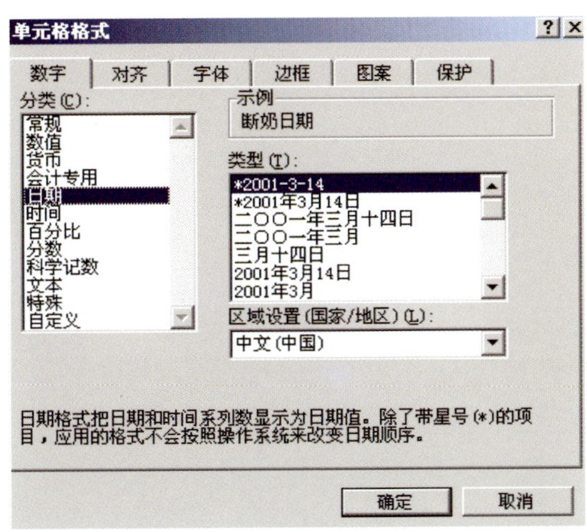

附图 4

将日期格式更改为如附图 5 所示格式。

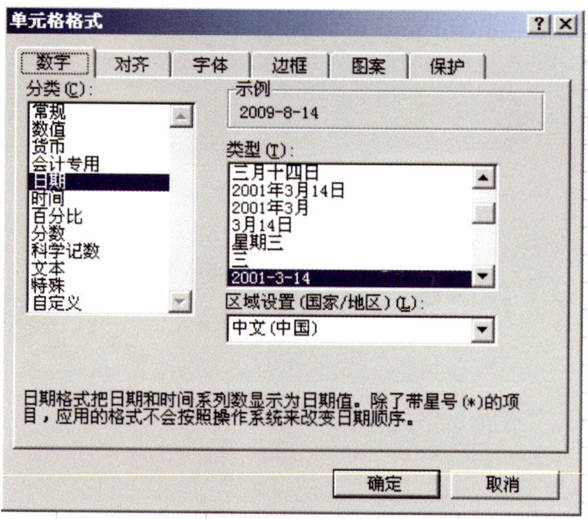

附图 5

8. 数据过大有时等待时间过长。分批上传，每次上传数据不要超过 5 000 条。

9. 测定场编号，现在场编号要与在网站注册的分厂编号相同，并且为大写。正确分厂编号：TEST1。

10. 猪只 ID 中场编号要大写，5 位。正确猪只 ID 号：LLTEST107633208。

11. 基本信息模板中出生场耳缺号为 6 位数字，正确出生场耳缺号：004567，错误耳缺号：4567。

12. 数据上传正确顺序。种猪登记—生长测定信息—繁殖信息。

如有问题请联系：电话：010-62734408

E-mail：swinegenetics@163.com

QQ：1293818751

全国种猪遗传评估中心　　王长存　　时晓明

地址：北京市海淀区圆明园西路 2 号中国农业大学畜牧楼 323 室

附录六　GBS数据导出工具使用说明

使用 GBS 数据导出工具之前请确认：

- 已安装了 GBS 系统，而且 GBS 系统的数据库连接配置是正确的。
- 本机器是 GBS 的服务器，也就是 GBS 系统的数据库是安装在本机上的。

然后进行以下操作：

- 将下载到的文件 GBSDateDeal.zip 解压到用户自己指定的目录。
- 双击解压后所在目录下的“GBS 育种导出工具”文件，运行导出程序。
- 在打开的联合育种数据导出界面左侧，选中本次上传的猪只个体的限定范围，如附图 6 所示。

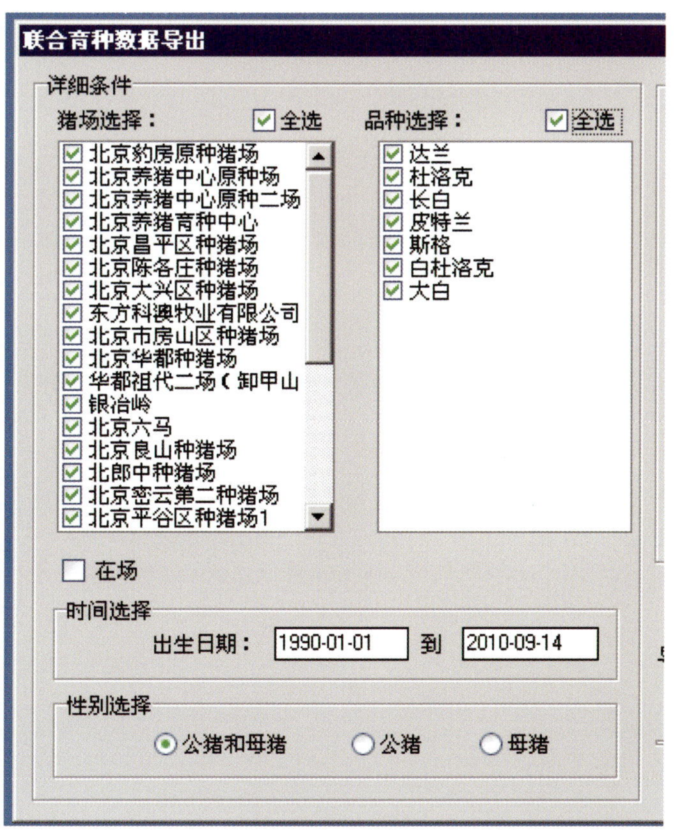

附图 6

再打开窗口的右上部分，选择本次导出的文件类型，如附图 7 所示。

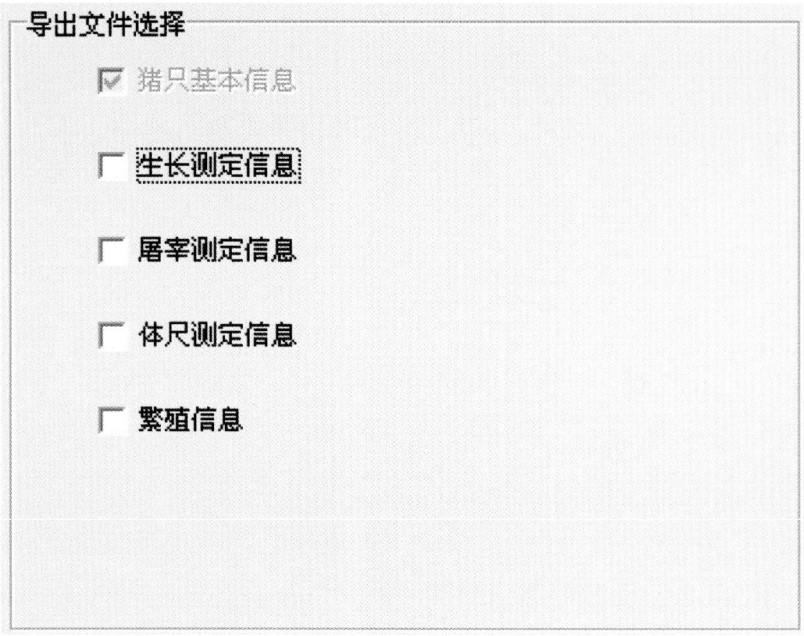

导出文件选择

☑ 猪只基本信息

☐ 生长测定信息

☐ 屠宰测定信息

☐ 体尺测定信息

☐ 繁殖信息

附图 7

● 输入在全国种猪遗传评估信息网注册并已经通过审核的用户名，如附图 8 所示。

育种中心用户名： test

附图 8

● 选择导出的育种文件存放的目录，如当前设置育种文件存放目录为“D：＼丰顿共享＼ exe ＼联合育种导出文件”文件夹，如附图 9 所示。

导出文件存放目录： D:\丰顿共享\exe\联合育种导出文件 ...

附图 9

● 单击“确定”按钮，系统将开始导出基本信息、生长信息和繁殖信息数据文件，并存放到指定的目录，如附图 10 所示。

☞ 基本信息、生长信息和繁殖信息数据文件名由注册的猪场用户名、两位表示文件数据信息的字母、文件生成时间三部分组成。其中字母“JB”表示基本信息文件，“FZ”和“SC”则分别表示繁殖和生长信息文件。以“testJB20100322182612.arj”为例，“test”表示猪场用户名为“test”，“JB”

表示该文件为基本信息文件，“20100322182612”则表示生成文件的具体时间为2010年3月22日18点26分12秒。

● 为保证数据操作的安全性，“GBS数据导出工具”中使用的用户名必须与“种猪登记”模块或网站登录用户名一致，如上面例子中，用户名为“test”，则种猪登记模块登录用户名也必须是“test”，否则在进行GBS数据包上传时，系统将返回错误提示。

test.ini	1 KB	配置设置	2010-09-27 15:24	A
testFZ20100927152435.arj	235 KB	WinRAR 压缩文件	2010-09-27 15:24	A
testJB20100927152435.arj	1,139 KB	WinRAR 压缩文件	2010-09-27 15:24	A
testSC20100927152435.arj	125 KB	WinRAR 压缩文件	2010-09-27 15:24	A

附图 10

附录七 离线登记工具使用说明

使用前请确定电脑已安装 Office Access 数据库，如未安装，请先安装 Office Access 数据库。

1．将文件 GBSofflineReg.zip 解压到用户指定的储存本文件的目录。

2．在指定的解压文件目录中找到“离线登记工具 .exe”程序，鼠标双击后弹出种猪离线登记页面，如附图 11 所示。

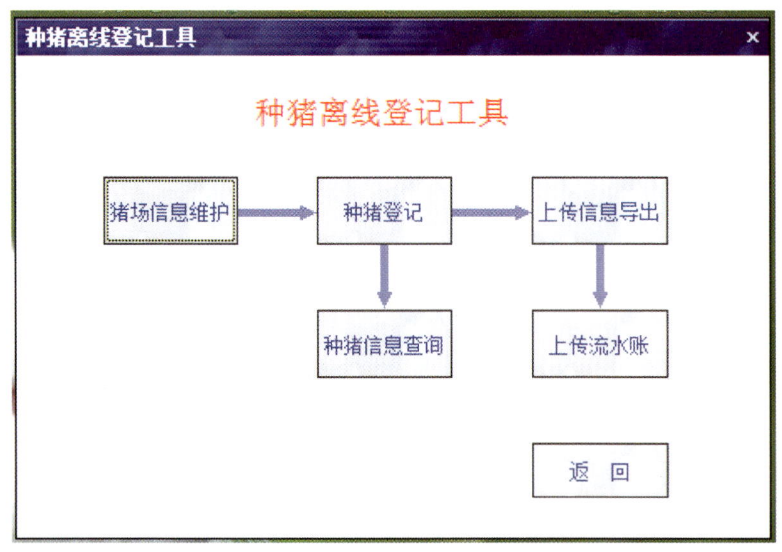

附图 11

【猪场信息维护】

点击“猪场信息维护”按钮后添加猪场基本信息。猪场编号和猪场名称必须与在全国种猪遗传评估信息网注册并审核通过的猪场编号和猪场名称保持一致，并选中“是否为本场”的单选框，如附图 12 所示。外购猪的出生猪场编号和出生猪场名称可通过全国种猪遗传评估信息网进行查询。

【种猪登记】

点击“种猪登记”按钮进入登记界面，如附图 13 所示，录入需要填写的相关信息后点击“保存”按钮，保存相关信息。

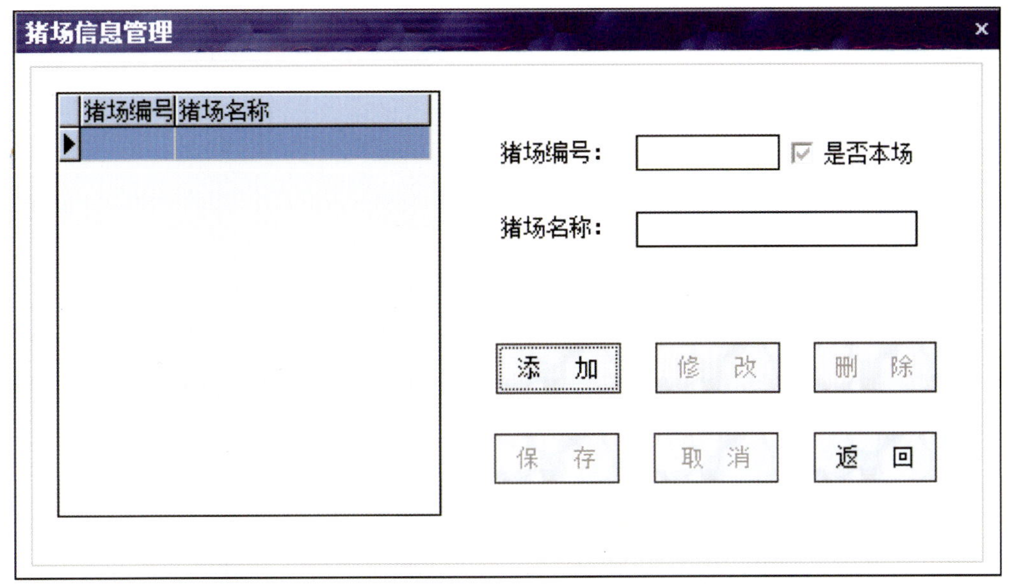

附图 12

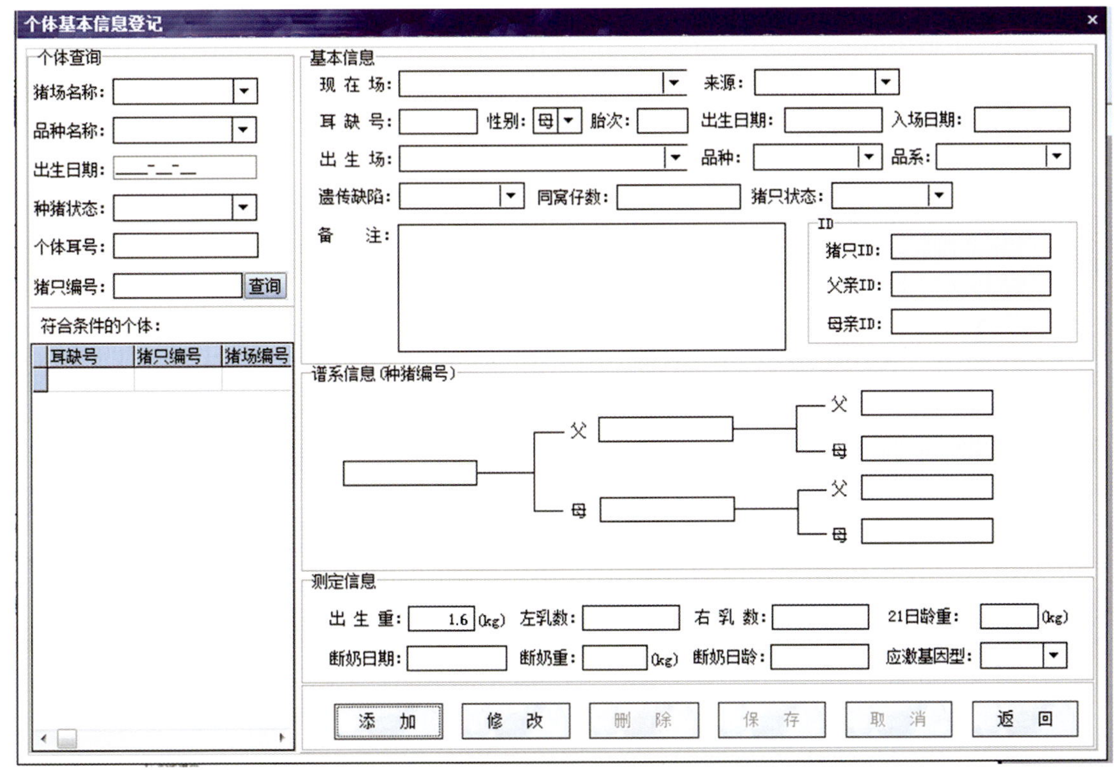

附图 13

【上传信息导出】

输入您在全国种猪遗传评估信息网注册并已经通过审核的用户名，点击“导出”按钮，导出需要上传的相关数据文件。

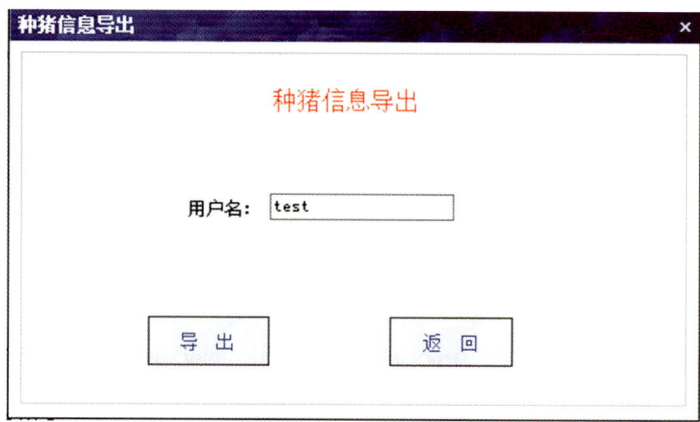

附图 14

将文件 GBSofflineReg.zip 解压到用户指定的储存本文件的目录。